E II R

JUNE 2ND 1953

E II R

JUNE 2ND 1953

Homespun Style

Homespun Style

셀리나 레이크 스타일링 · 조애너 시먼스 글 · 데비 트렐로어 사진 | 김세진 옮김

홈스펀 스타일

안그래픽

Contents

이제는 홈스펀 스타일이다

컬러에 푹 빠져 있다고? 수공예품이라면 귀가 번쩍 뜨인다고? 의자를 새로 사느니, 중고 의자를 구해서 페인트로 칠하겠다고? 그런 사람이라면 홈스펀 스타일에 주목하라. 모름지기 집이란 주인의 취향과 생활, 경험을 담아야 한다는 생각, 재미있고 따뜻하면서도 쉽게 꾸밀 수 있어야 한다는 생각이 곧 홈스펀 스타일이다. 패브릭으로 꾸민 공간에는 홈메이드 가구, 플리마켓에서 건진 유일무이한 보석 같은 개인 소장품이 가득하다. 알록달록한 컬러가 넘실대는 공간에서 신선하고 재미난 패턴의 쿠션과 전등갓, 무릎 담요는 포인트가 된다.

'홈스펀 스타일'은 세계 곳곳의 아름답고 독창적인 집을 소개하는 한편, 수공예와 개성에 대한 날로 뜨거워지는 관심들을 담았다. 이 책은 손재주가 뛰어난 장인들의 손에서 탄생한 아이템, 바느질이나 페인트칠을 거쳐 새로 태어난 아이템으로 공간에 생기를 불어넣는 방법을 알려준다. 아늑하고 편안한 홈스펀 스타일의 좋은 점은 체인점에 널린 아이템이 아닌, 플리마켓에서 찾은 아이템을 한껏 재활용하는 재미를 누릴 수 있다는 것이다. 무엇보다 홈스펀 스타일에는 이렇다 할 인테리어 규칙이 없다. 독자들은 다양한 컬러의 패브릭으로 독특한 디스플레이를 해보고 즐길 수 있다. 그래서 가족 모두가 즐길 만한 공간을 꾸밀 수 있게 한다.

세상에서 단 하나뿐이고 독창적이며, 집 안 어디에나 활용할 수 있는 아이디어를 찾는다면 홈스펀 스타일이 마음에 들 것이다. 기발함과 다채로움, 다양함을 추구하는 홈스펀 디자인은 개조한 가구, 직접 만든 장식품을 반긴다.

쿠션과 조각보 무늬 벽지를 활용해 색감이 풍부한 패치워크를 재현했다.

빈티지 패브릭과 레이스를 늘어뜨린 테이블
과 발랄한 색상의 나무 의자를 매칭했다. 귀
여운 손수건들을 장식용 깃발처럼 매듭으로
엮었다. 케이크 스탠드는 찻잔으로 만든 것.

요소
elements

모던 크래프트

세상에서 하나뿐인 아이템, 핸드메이드 액세서리. 바느질해서 만들기 쉬운 장식품을 활용해 공간을 독창적인 홈스펀 스타일로 꾸며보자.

의자에 다양한 색깔의 쿠션, 뜨개 담요를 두어 무미건조한 공간을 홈스펀 스타일로 바꾸었다. 멋스러운 끝단 장식은 홈스펀 스타일의 기본으로, 사진에서는 전등갓과 테이블에 생기를 더해준다. 여러 장의 엽서, 길게 바른 포인트 벽지, 형식에 구애받지 않고 진열한 엉뚱한 그림들 역시 공간을 생기 있게 만든다.

위 왼쪽
알록달록한 실은 패브릭 스타일을 위한 중요한 첫걸음. 독특하고 예쁜 수납함에 들어 있는 원색의 낡은 실패는 소중한 재료들이다.

위 가운데
색깔이 다양한 크로쉐crochet 받침은 여러 개를 겹쳐 쌓아두거나, 장식효과를 위해 벽에 붙여도 보기 좋다.

위 오른쪽
깜찍한 빈티지 바늘꽂이에 사용 중인 핀을 꽂아두자.

왼쪽
낡은 마룻장으로 간단하게 만든 선반. 덕분에 꽃무늬 빈티지 그릇을 둘 공간이 생겼다. 실패, 천, 리본을 담아놓은 바늘 쌈지가 그릇들 사이에서 잘 어울린다.

홈스펀 스타일에서 핸드메이드는 독보적으로 중요하다. 집에 개성과 온기, 아늑함을 더하고 싶다면 직접 장식을 하거나 개조를 하고 가능하다면 만드는 것이 좋다. 흔히 수공예라 하면 시대에 뒤떨어진 기교나 복잡한 기술을 떠올린다. 하지만 모던 크래프트는 전혀 어렵지 않다. 실을 찾는다거나 나무를 파내어 조각하는 식의 수공예는 잊어버리자. 홈스펀 스타일은 간단한 아이디어를 활용해 쓰던 아이템에 생명을 불어넣거나, 기성품을 손쉽게 개조한다. 정교하거나 복잡한 기술은 필요 없다. 단추를 달아 쿠션 커버를 새로 꾸미는 일은 누구에게나 가능하다. 낡은 의자에 색을 칠하는 것도 다를 바 없다. 그렇게 점점 몰입하다보면 수공예의 즐거움을 재발견하게 되고, 인테리어 방식을 재조명하게 된다.

십 년 사이, 수공예가 다시 유행하기 시작했다. 인터넷을 찾아보면 모던 크래프트에 관심 있는 웹사이트와 블로그를 수백 개 찾을 수 있다. 게다가 손쉽게 따라할 수 있는 수천 가지 사례도 있다. 간단한 바느질부터 코바늘뜨기, 뜨개질, 천갈이, 가구 복원작업까지, 그야말로 무궁무진하다. 게다가 공예용품 전문 온라인 쇼핑몰도 수백 개나 있으니 재료 구하기는 식은 죽 먹기다.

수공예는 새삼스러운 작업이 아니다. 사람들은 이미 오래 전부터 자신들의 입맛에 맞게끔 전통적 방식에 따라 집을 꾸몄다. 필요에 의한 행위가 욕구에 의한 행위로 바뀌었다는 점이 예전과는 다르다. 공예는 내면의 창의성을 발견하고 독특하고 독창적인 무언가를 만드는 과정에서 자신을 표현하는 방법이다.

그렇다면 수공예에 대한 관심이 높아지는 이유는 무엇일까? 경제적인 어려움이 원인일 수도 있다. 중고가구점에서 저렴하게 사들인 가구를 색칠해 보기 좋게 변신시켜보자. 지금껏 DIY 가구를 왜 구입했는지 이해할 수 없을 것이다.

또 다른 이유는 정서적인 것이다. 대개는 어린 시절 뜨개질이나 바느질을 하는 어머니와 할머니의 모습을 보며 자랐다. 그렇게 만들어주신 스웨터를 입고 자라기도 했을 테고, 코바늘로 뜬 담요를 끌어안고 잠든 사람도 있을 것이다. 우리 부모들은 가구를 수리하고 복원하는 일에 주저함이 없었다. 어쩌면 할아버지들은 헛간에서 가구를 손봤을지도. 현대인에게는 한 번 쓰고 버리는 일회용 문화가 익숙하지만, 부모 세대는 물건들을 아꼈다. 부모님과 우리의 공통점은 집, 그리고 집의 세세한 것들을 사랑하는 마음이다.

위
다채롭고 생기발랄한 장식은 전등갓, 쿠션, 커버의 매력을 한층 살리는 고전적인 홈스펀 스타일 요소다.

아래
대담한 색, 역동적인 패턴은 홈스펀 디자인에 힘과 개성을 준다. 가장자리에 동그란 술이 달린 예쁜 스카프에는 이 두 가지가 모두 들어 있다.

아기자기하면서도 가지런한 분위기. 작업대에는 한눈에 봐도 홈스펀 스타일이라 할 만한 요소들이 수두룩하다. 세련된 핫핑크 의자, 전등갓, 매트와 대비되게끔 흰색으로 칠한 벽. 접시부터 엽서까지, 갖가지 아이템이 벽의 매력을 더해준다. 알록달록한 전선들은 파격적이면서 융통성이 있다.

왼쪽
공예용 작업대는 장식성과 실용성을 동시에 갖추고 있다. 단추는 유리병에, 포장지와 벽지 롤은 소박한 통에 넣어 보관했다. 평범한 메모판에 벽지를 바르고 테두리에는 연보라색을 칠해 개성을 더했다.

위
천, 실, 리본, 털실 같은 재료를 눈에 보이게 보관하면 찾기도 쉽고, 눈에 보이기 때문에 영감을 얻을 수 있다. 게다가 기대하지 않았던 장식 효과를 누릴 수 있다.

수공예에 관심은 있지만 어디부터 시작해야 할지 모른다면, 가까운 공방에서 열리는 강의를 찾아보자. 뜨개질에 영 재주가 없는 것은 문제가 안 된다. 독립적으로 활동하는 공예가들은 수천 명에 달한다. 이들의 재미나고 독창적인 디자인용품들은 etsy.com 같은 인터넷 사이트나 공예품 취급점, 전시장에서 구입할 수 있다. 거주지역 내 전시장 리스트를 체크하며 예정된 행사의 상세한 내용을 살펴보자.

모던 크래프트는 완벽함이나 정밀함이 아닌, 개성을 추구한다. 재미있고 화려한, 수수하면서도 기발한 아이템은 집을 즐겁고 환하게 만든다. 이런 아이템이야말로 홈스펀 스타일의 핵심이자, 공장에서 찍어낸 밋밋한 가구의 대안이다. 스팽글, 커튼 장식 등, 관심 분야가 무엇이든 모던 크래프트는 집에 개성을 더하고 풍성한 컬러와 패턴, 힘을 심어준다.

왼쪽
빈티지 서랍장은 원래 주방에서 쓰던 것으로 장식술, 단추, 비즈 같은 재료를 넉넉하게 수납할 수 있고 서랍장 안이 훤히 들여다보인다.

위
홈스펀 스타일에서 부드러운 천을 장식할 때 쓰는 자잘한 재료는 잃어버리기도, 없어지기도 쉽다. 유리병, 수납함, 오래된 양철 그릇과 뚜껑을 활용해 비즈와 단추 들을 깔끔하고 눈에 보이게 보관할 수 있다.

Tip
자투리 천으로 간소하게 방울 장식을 만들 수 있다.
천을 띠모양으로 자른 다음, 모아 쥔 윗부분을 밝은
색의 털실로 묶는다. 만든 장식은 후크에 걸면 된다.

왼쪽

현대적 기술을 선호하는 홈스펀 스타일은 어려운 기술을 거부한다. 그래서 단기간에 바꿀 수 있는 단순한 기술을 활용한다. 자투리천을 한데 묶어 수술을 만들고 평범한 전등갓에 리본과 종이꽃을 장식했다.

위

공예용품 수납에 많은 돈을 들일 필요는 없다. 플리마켓에서 집어온 오래된 나무 상자에 담아 보자.

위
벽의 여백에 알록달록한 패턴 테이프로 엽서들을 붙여 편안한 콜라주풍의 미술 작품을 만들었다.

아래
자투리천에 자수를 놓아 만든 심플하고 푹신한 하트. 격식을 차리지 않은 디스플레이에 패턴이 풍부한 천들을 더했다.

위
예쁜 천으로 만든 홈메이드 쿠션과 봉제 인형이 아이의
침대를 귀엽게 꾸며준다.

아래
아끼는 물건들 사이로 걸어둔 기발한 핸드메이드 부엉
이 받침이 돋보인다.

색과 패턴

대담한 조합, 화려한 컬러에 도전해보자. 다채로운 패턴과 눈이 번쩍 뜨일 정도로 강렬한 색감을 매칭해보자. 알록달록한 패턴은 어느 공간에나 재미와 분위기를 더해준다.

신비스러운 분위기를 만드는 제비, 꽃을 모티브로 삼은 캔버스로 맨틀피스(mantelpiece : 벽난로 위 선반)에 그린 그림이다. 편안하고 소탈한 느낌을 내기 위해 일부러 미완성인 채로 두었다.

컬러와 패턴은 홈스펀 스타일의 주인공이다. 색색깔의 레트로풍 프린트부터 에스닉 프린트, 패턴 벽지부터 멋진 직물 로고. 이런 아이템을 두면 공간의 컬러와 생기는 배가 된다.

위 왼쪽
현란한 색상의 샘플 천이 차곡차곡 쌓여 있다.

가운데
티슈페이퍼로 만든 정교한 장식. 밝은 색은 라임색 벽과 대조를 이룬다.

오른쪽
색과 패턴이 제각각인 벽지는 새 것과 오래된 것이 섞여 있다. 쓰레기통이나 일반 통을 활용하면 벽지를 꽂아 보관할 수 있다. 다양한 색과 디자인이 어우러지며 빚어내는 아름다움을 한눈에 알아볼 수 있다.

지난 몇 십 년 사이, '단순함의 미학'이라는 미니멀리즘의 기조가 널리 퍼졌다. 덕분에 수수한 흰색 공간에 있어야 할 가구를 들여놓는 식의 인테리어는 큰 인기를 끌었다. 미니멀하게 꾸민 공간은 분위기가 한결 차분하고 꾸미기도 쉽기 때문이다. 하지만 이런 식의 인테리어는 컬러, 생기, 독창성이 결여되어 있다. 오늘날 미니멀리즘의 인기가 시들해진 것도 바로 이 때문이다. 사람들은 갈수록 개성과 재미를 찾고 볼거리가 많은 집, 주인은 물론 주인의 생활방식을 담은 집을 원한다. 그런 집은 홈스펀 스타일이 안성맞춤이다.

관능적인 꽃, 새의 화려한 깃털이 띠는 천연색은 누구나 관심을 갖는다. 인테리어에 활용한 컬러 역시 마찬가지이다. 컬러는 에너지와 자극, 즐거움을 줄 수 있다. 서늘한 느낌의 방을 따뜻하게 만들거나, 공간을 아늑하게 바꾸기도 한다. 대개 개나리색이나 자홍색을 쓰면 너무 튀어 보일 염려가 있다. 그러니 마음을 느긋하게 먹고 자기가 원하는 스타일을 생각해보자. 홈스펀 스타일은 혼란이 아닌 여유로움에서 시작되므로, 어느 정도 계획은 세워야 한다.

홈스펀 스타일로 인테리어하는 방법은 지극히 단순하다. 일단 배경은 은은한 색이어야 한다. 실패 확률이 없는 안전한 선택은 흰색. 흰색 벽은 화려한 컬러, 풍성한 패턴 사이에서 중심을 잡아준다. 또한 공간의 번잡스러움을 덜어주고 요소들을 강조한다. 컬러를 선택하기 어렵다면 은은한 무지 벽지를 골라보자. 위험 요소가 없는 안심해도 되는 선택이다. 사면을 강렬한 색으로 도배하지 말자. 그보다는 가구, 전등갓, 그릇처럼 재배치나 조합이 쉬운 아이템을 활용해보자. 짙은 색도 맘 편하게 쓸 수 있는 방법이다.

이런 배경에는 컬러와 패턴을 더하기 쉽다. 이를테면 의자처럼, 공간을 강조해주는 하나의 아이템에서 시작해보자. 그 다음에는 배경색이 은은하고 크기도 적당한 공간에 의자와 똑같은 컬러를 써보자. 청록색이 돋보이는 벽, 빈티지풍 벽지를 바른 벽감도 홈스펀 스타일에서 높은 점수를 줄 만한 아이디어다. 예술 애호가라면 화려한 그림들을 독특한 방식으로 진열하고, 바닥에 패턴 러그를 깔아보는 것도 좋다. 유연성 역시 홈스펀 스타일의 또 다른 특징이다. 화려한 컬러의 소파나 안락의자를 사기보다는 기존의 소파에 부드러운 쿠션, 크로쉐 담요나 무릎 담요를 배치해 분위기를 바꿔보자. 컬러 조합이 지겹다면 간단한 방법으로 색을 바꾸거나 끈이나 솔을 장식해 모양새를 바꿀 수 있다.

의자 등받이, 앉는 부분에만 페인트칠을 했다. 창의적이고 독창적인 느낌을 주기 위해 다리 부분은 자재의 원래 색상이 그대로 드러나게 두었다. 테이블 위의 파란 칠판은 흑판 같은 역할을 한다. 글귀나 목록을 편리하게 적을 수 있을 뿐 아니라, 컬러풀하기까지 하다.

왼쪽과 아래
화려하고 아름다운 꽃무늬 천은 블루벨그레이Bluebellgray 디
자인. 잔잔하고 산뜻한 파스텔 그린 벽과 대비되어 한층 돋보
인다.

위
패턴이 들어가 있는 근사한 의자. 화려한 시각적 효과를 위해
겹쳐 쌓은 쿠션과 조화를 이룬다.

위

계단면에 진한 청색을 칠하고, 청색을 가리키는 고전적 명칭을 면마다 스텐실로 찍어 표기했다.

오른쪽

다채로운 소품과 빈티지 타일이 소박한 주방에 개성을 불어넣는다. 정원에서 가져온 꽃다발은 섬세하고 자연스러운 색감을 더한다.

왼쪽

한 가지 디자인의 벽지를 바르기보다,
패턴 벽지를 조각내어 직접 벽에 붙이
면 화려한 패치워크 효과를 연출할 수
있다.

오른쪽

금방이라도 폭발할 듯한 생생한 색. 홈
스펀 스타일과 완벽한 조화를 이루는
상징적 모양의 행잇올Hang It All 옷걸
이는 찰스 임스Charles Eames 디자인.

컬러를 고를 때는 대담해지자. 어릴 때 갖고 놀던 화려하고 가감 없는 물감 색을 기억하는가? 연노랑, 군청, 다홍, 짙은 녹색. 이렇듯 강렬한 컬러도 차분한 흰색 배경에서는 조화를 이룬다. 게다가 공간을 한층 생기발랄하고 재미있게 만든다. 선명한 컬러가 주는 자극을 완화시키는 색과 배치하는 방법도 있다. 예를 들면 연녹색은 진한 에메랄드 컬러를 돋보이게 한다.

벽지와 천, 러그의 패턴은 공간을 더욱 재미있게 만든다. 구식 경사(更紗: 평직 면포에 꽃무늬 같은 것을 자잘하게 나염한 것)부터 70년대 기하학 패턴, 잔꽃무늬나 크고 대담한 무늬가 반복되는 패턴 등, 누구나 좋아하는 것도 있다. 어떻게 활용할지는 자신의 몫이다. 패턴 쿠션은 컬러감이 차분한 안락의자를 한층 근사하게 만든다. 질려버린 탁자에 멋진 테이블보를 씌우면 보기 좋게 바뀐다.

벽에 패턴을 넣을 생각이라면 벽지가 가장 좋은 방법이다. 하지만 벽에 패치워크풍으로 패턴을 붙여 홈스펀 스타일의 특징을 한층 살리면 어떨까. 사춘기 시절 침실에 붙였던 포스터를 기억하는가? 자투리 벽지나 그림, 엽서, 포장지까지 두루 활용해보자. 생뚱맞은 컬러와 디자인을 외면할 필요는 없지만, 지나친 자극은 피하자. 큼직한 패턴이 들어간 벽지만으로도 한쪽 벽면을 꾸미기에 충분하다. 그렇게 꾸민 벽에 그림까지 걸면 대담하다기보다 정신없는 공간이 되어버린다.

뒷장 왼쪽
색감이 풍부한 침실. 60년대와 70년대 유행하던 패브릭 열풍을 고스란히 반영했다. 패치워크 쿠션, 꽃무늬 천으로 만든 원피스는 한 시대를 풍미하던 패션으로, 흰색 벽과 인상적인 대조를 이룬다.

Tip

패브릭을 둘러볼 때는 무조건 싫다고만 할 게 아니라 비율부터 생각해
보자. 70년대 레트로풍 커튼을 거실에 걸면 튀어 보일 수도 있지만, 쿠
션 커버를 곁들이면 보기 좋을 수도 있다.

왼쪽
대담한 표현을 위해 다양한 색을 쓸 필요는 없다. 문 안쪽과 나무 벤치에만 개나리
색을 칠하니, 그다지 튀어 보이지 않고 인상적이다.

위 왼쪽
작은 벽장에 여행 기념품이 그득하다. 테두리에 그림 같은 종이를 둘렀다.

위 오른쪽
수수한 나무 액자틀에 핫핑크색을 칠하고 작은 알전구를 드리워 개성을 더했다.

기본색의 코듀로이 천을 적절히 배합해 천갈이한 소파와 안락의자. 강렬하고 당당한 분위기가 완성되었다. 쿠션의 배치는 바꿀 수도 있다.

큼지막하게 반복되는 패턴, 역동적인 색채의 벽지를 한쪽 벽에만 바르니
시선을 끄는 멋진 벽이 만들어졌다. 벽지는 에이미 버틀러Amy Butler 디자인.

개조와 재활용

환경과 집. 어느 쪽이든 도움이 되는 재활용의 즐거움을 누려보자!
중고가구와 벽지, 천에는 홈스펀 스타일의 특징이 살아 있다.

맞춤형과 재활용. 중고가구에는 친환경적이라는 것 이상의 장점이 있다. 저렴하고 쉽게 구할 수 있고 고쳐 쓰기도 쉽다. 그런 이유로 홈스펀 스타일에서 사랑받는 좋은 요소이다.

위 왼쪽
예쁜 홈메이드 종이 깃발은 옛날 책에서 자른 일러스트를 모아 만든 것.

가운데
알록달록한 컵케이크 포장지를 패턴 끈으로 엮은 장식품. 이렇듯 경제적이고 간단한 방법으로도 장식품을 만들 수 있다.

오른쪽
크로쉐 받침을 장식용으로 벽에 붙였다. 흰색 벽에서 유난히 도드라져 보인다.

왼쪽
벽지는 벽에만 붙이는 것이 아니라 온갖 것에 붙일 수 있다! 층계참 위 붙박이 찬장 문에 빈티지 꽃무늬 벽지를 발라 분위기를 화사하게 바꾸었다.

21세기 들어 재활용은 단순히 깡통과 와인병을 분리수거한다는 차원을 넘어섰다. 이제는 인테리어에도 낭비를 자제하는 친환경적 메시지를 실천한다. 대량생산되는 가구들은 자재의 수명이 짧다. 그래서 사람들은 갈수록 이런 가구보다는 부모에게 물려받은 것으로 공간을 꾸민다.

중고가구의 장점은 무궁무진하다. 고물상에서 싸게 구입한 재미난 가구부터 유명 디자이너가 만든 클래식한 빈티지 가구까지. 재활용할 수 있는 가구는 차고 넘친다. 패브릭, 액세서리, 그림, 벽지 등도 예외는 아니다. 리스트에는 갈수록 새로운 아이템이 추가된다. 이베이ebay.com 같은 인터넷 사이트는 초심자에게 적격이다. 벼룩시장, 지갑 사정이 좋다면 앤틱 샵에서도 중고가구를 구할 수 있다. 어디서 구했든 오래된 가구에는 한결같은 공통점이 있다. 과거에는 주인의 사랑을 받았고, 가끔은 천덕꾸러기 신세에 처하기도 했다는 것이다. 옛날에는 가구를 만든답시고 나무를 죽이지도, 검증을 거치지 않은 미심쩍은 방법을 쓰지도 않았다. 적어도 지난 몇 십 년 동안에는 말이다.

가구 재활용의 매력은 도덕적 대의를 넘어선다. 시장이나 전시장에서 중고가구를 찾다보면 순수한 즐거움을 느낄 수 있다. 어떤 가구가 눈에 들어올지는 알 수 없다. 물론 가구 체인점에 가면 늘 보던 가구들을 구할 수 있지만, 오래된 가구들을 헤집고 다니다 보면 기발한 가구를 손에 넣을 수도 있다.

뿐만 아니라 여유로운 해석이 가능한 홈스펀 스타일을 통해 창의력을 발휘할 기회도 생긴다. 중고 가구는 특성상 대부분이 겉보기에 낡고 심심해 보이지만 개조를 거치면 삽시간에 변신한다. 주머니 사정이 넉넉하지 않다면 중고 찬장이나 스툴에 화사한 페인트를 칠하거나, 앉는 부분에 천을 덧대도 나쁘지 않다. 기발하고 색다른 분위기를 조성하기 위해 필요한 작업이다.

부서지거나 닳았다고 무시하지 말자. 직접 손볼 수도 있다. 고칠 곳이 한두 군데가 아니거나 자기 능력 밖의 일이더라도 시도해볼 만한 일이다. 편한 길을 택할 수도 있다. 어떤 경우든 고치기는 어려워도 감출 수는 있는 법. 가령, 골조는 마음에 들지만 골조에 씌운 천이 탐탁치 않은 의자가 있다고 해보자. 패턴이 들어간 무릎 담요를 걸쳐두기만 해도 의자를 버릴 일은 없다. 의자가 주는 느낌은 완전히 달라지겠지만, 그 모양은 온전히 즐길 수 있다.

왼쪽
잔가지에 달아놓은 줄에 티슈페이퍼로 만든 꽃을 걸었다.

오른쪽
낡은 유리병이 꽃병 역할을 충실히 해내고 있다. 꽃가지 하나를 꽂아두기에는 넉넉한 유리병이다.

위 왼쪽
고물상에서 찾은 오래된 자기 찻잔이 꽃병으로 거듭났다. 사진에서는 벽걸이 촛대에 찻잔을 걸었다.

위 오른쪽
꽃병 둘레에 철사를 엮어 걸 수 있게 했다.

Tip
가능하면 생화로 방을 장식하자. 어떤 디자인에서는 생생한 색감과 약동감을 불어넣는다.

왼쪽
테마가 있는 예술작품들에서 통일성이 느껴진다. 오래된 꽃그림을 한데 모으니 색다른 분위기를 자아낸다. 클래식한 디자인의 램프는 유행을 타지 않는다.

오른쪽
중고 서랍장에 밝은 색 페인트를 칠해 개조하고 창고 문에는 칠판용 페인트를 칠해 거대한 메모장으로 만들었다. ('husk'는 노르웨이어로 '기억하라'는 뜻)

중고가구를 찾을 때에는 본연의 목적에 맞지 않는 가구도 고려하자. 벽지는 벽에 붙이는 것이다. 맞는 말 아닌가? 그렇지 않다! 서랍장 앞면이나 찬장 문짝에 벽지를 발라보자. 반 정도 남은 벽지, 자투리 벽지를 훌륭하게 활용할 수 있는 방법이다. 중고가구를 달리 활용할 방법을 찾는 것은 상상력을 발휘할 절호의 기회이다. 우선 가구의 색, 패턴, 디자인을 생각해보자. 그중 관심 가는 요소에 집중한다. 어떻게 활용할지는 차후의 일이다.

가구에 새로운 역할을 부여하는 일은 어렵지 않다. 책장은 주방용 수납장으로, 예쁜 컵은 화분 받침으로 거듭날 수 있다. 벽에는 그림 대신 접시를 붙여도 된다. 멋진 스카프로 아름다운 쿠션 커버를 만들 수도 있다.

왼쪽
빈티지 벽지와 그림으로 서랍장을 꾸며놓으니 칸마다 상큼한
매력이 물씬 풍긴다.

오른쪽 위
예쁜 받침들은 코스터, 테이블 장식용으로 써도 되고, 벽에 붙
이면 예술작품으로 활용할 수도 있다.

아래
독창적인 홈스펀 스타일, 예술작품을 만들기는 더없이 쉽다.
자투리천을 자수틀에 씌운 다음, 벽에 걸었다.

디테일
details

천

천은 구하기도 쉽고 저렴하다. 눈길이 가는 천은 홈스펀 스타일에서 매우 중요하다. 무난한 천부터 개성 넘치는 천까지, 어느 것이든 공간에 구애받지 않고 두루 활용할 수 있다.

큰 쿠션 두 개에 강렬한 진초록색 천을 씌워 공
간에 포인트를 주었다. 촘촘한 뜨개 레이스를
밑에 깔고 오밀조밀한 패치워크 쿠션을 배치하
니 대담한 대비가 완성되었다.

색, 패턴, 부드러움이 어우러진 패브릭은 홈스펀 디자인에서 환영할 만한 요소다. 다재다능한 패브릭은 다양한 용도로 꿰매거나, 낡은 의자나 소파에 아무렇게나 걸쳐놓기만 해도 감쪽같이 변신한다.

왼쪽
집주인이 결혼선물로 받은 고운 패치워크 침대 커버는 자투리천을 꿰매어 만든 것. 시트에는 커다란 꽃무늬 쿠션을 배치해 생기발랄한 대비감을 주었다.

위 왼쪽
소박한 모슬린 커튼에 불규칙 물방울무늬를 더해 분위기를 밝게 했다. 무늬는 적당한 곳에 꿰매어 붙인 것.

가운데
공간에 강렬하고 에스닉한 색을 더해줄 만한 천을 찾아보자. 사진에서는 인디언숄과 무릎담요를 차곡차곡 겹쳐쌓았다.

오른쪽
레트로풍 천으로 멋진 패치워크 쿠션커버를 만들고, 크로쉐 받침을 덧대어 꿰맸다.

색, 패턴, 입체감이 한데 어우러진 멋진 패브릭은 홈스펀 스타일에서 가장 중요한 요소이자 어느 공간에서나 중요한 재료이다. 무난하고 차분한 공간에 패브릭을 더하면 풍부한 색감과 아늑한 느낌이 살아난다. 수수한 소파, 밋밋한 바닥도 금세 재미있고 독특한 분위기를 자아낸다. 닿는 느낌이 아늑해 끌어안는 용도로 활용할 수도 있다. 특징 없는 소파에는 개성과 생기를, 공간에는 입체감을 불어넣는다. 활용도도 높고 어느 공간에나 잘 어울린다. 손쉽게 옮길 수 있다. 무릎 담요, 쿠션, 러그, 커튼을 장식하거나 염색하는 방법, 아니면 그저 다른 공간으로 옮기는 방법만으로도 분위기를 반전시킬 수 있다.

Tip

모아놓은 자투리천이 지저분하다면 색깔별로 정리해보자. 그런 다음 정갈하게 접어 개방형 선반에 쌓아두면 쓰기도 편하고 정리하기도 쉽다.

패브릭은 쉽게 구할 수 있다. 고가의 천, 쿠션이나 커튼 같은 직물을 취급하는 가게에 가면 멋진 물건을 살 수 있지만, 굳이 돈을 쓸 필요는 없다. 홈스펀 스타일은 사연 많은 중고 패브릭을 찾아 구입하는 것을 권장한다. 그런 종류의 천은 많기도 많고 구하기도 쉽다. 취향을 막론하고 이베이 또는 할머니의 천 보관용 찬장도 풍족한 사냥터이다.

적절한 천을 고를 때의 규칙은 없다. 컬러와 스타일이 제각각인 천들을 조합해보자. 이를테면 잔꽃무늬에 큼직하고 화려한 패턴을, 물방울 무늬에 스트라이프 무늬를, 화려한 천에 술이나 스팽글처럼 아기자기한 장식을 매칭해보자. 사치스럽고 자극적인 컬러의 레트로풍 패브릭, 세월과 함께 나이 들어가면서 나달나달해진 빈티지 리넨 자투리천, 머나먼 이국에서 건너온 정교한 자수. 이런 것들을 한데 모아놓으면 활기 넘친다. 패브릭은 홈스펀 스타일의 일부가 아닌, 그 자체이다.

패브릭은 공간에 생기를 줄 뿐 아니라 커튼이나 쿠션커버, 덮개, 침구처럼 지극히 실용적인 용도로 활용되기도 한다. 이런 식의 활용 방법은 어느 집에서나 볼 수 있다. 두툼한 벨벳이나 능직으로 커튼을 만들면 바람을 빈틈없이 막아주고 방의 열기를 보존한다. 올이 성긴 면이나 리넨, 캔버스천으로는 튼튼한 방석을 만들어보자. 실크나 모슬린처럼 섬세한 천은 쿠션커버, 눈부신 햇빛을 분산시키는 홑겹 커튼처럼 보다 격조 높은 용도에 적합하다.

자신이 고른 천에 자신 있다면 그것으로 커버나 커튼을 만들어보자. 아니면 안전하고 활용하기 좋은 천을 골라 작은 아이템에 쓸 패턴 패브릭으로 활용해보자. 소파 덮개용 천으로 은은한 컬러를 골랐다면 화려한 쿠션이나 멋진 무릎덮개로 포인트를 주고, 수수한 흰색 리넨 침구에는 퀼트나 호화로운 커버를 매칭해 홈스펀 스타일만의 특징을 더해보자. 침대 발치에 천을 개켜 쌓아두기만 해도 효과적이다.

붙박이 벤치는 공간을 효율적으로 사용할 수 있고 요긴한 수납공간을 제공한다. 벤치 위에 기다란 방석을 깔고 쿠션을 두었다. 주조색이 흰색일 때 다양한 색의 천을 활용하는 것도 좋은 방법이다.

위

홈스펀 스타일의 핵심인 러그를 바닥에 깔면 장식성이 뛰어난 옷감과 패턴, 색을 동시에 즐길 수 있다.

오른쪽

여러 가지 천을 함께 배치하면 생기발랄한 분위기를 낼 수 있다. 부드럽고 예쁜 면 퀼트 위로 알록달록한 크로쉐 담요들을 쌓았다. 산뜻한 담요 패턴들이 보기 좋게 연결되어 있다.

천의 실용성은 중요하지만, 홈스펀 스타일에서는 오로지 천의 장식성만을 고려하는 경우도 있다. 천을 잘라 액자에 끼우면 한 폭의 그림이 따로 없다. 낡은 기모노는 벽에 걸어 장식할 수 있다. 천이 가진 잠재적 장식 효과는 결코 놓칠 수 없다. 한 폭의 수수한 천을 꿰매면 쿠션커버, 보기 좋은 테이블보를 만들 수 있다. 이런 아이템을 선반이나 의자에 활용하면 실용적일 뿐 아니라, 천의 고유한 패턴과 컬러를 즐길 수 있다.

'천 찾아 삼만 리' 끝에 손에 쥔 결실이 고작 수수한 자투리 천이라면 패치워크 디자인이 현명한 선택이다. 이 방법으로는 들쑥날쑥, 네모난 천조각을 보란 듯이 활용할 수 있다. 패치워크로 만든 쿠션과 침대커버, 무릎담요는 홈스펀 스타일의 주인공으로, 어떤 천도 소화할 수 있다. 테이블보, 옷, 실크 스카프, 낡은 리넨 마대자루. 홈스펀 스타일이라는 테두리 안에서는 이 모든 것이 하나가 된다. 이 생각을 다른 천으로 넓혀 색다르게 활용할 방법을 고심해보자. 이를테면 매트는 벽걸이 장식품으로 거듭날 수 있다. 초라한 커튼을 재단해 테이블보로 만들어 싫증난 식탁을 가리는 데 써보자. 강화유리를 그 위에 덮으면 새 식탁이 탄생한다.

위
패턴 천을 길게 늘어뜨리니 공간분리대로 더할 나위 없이 좋다.

오른쪽
보석 달린 멋진 숄들은 인도산이다. 홈스펀 스타일에 에스닉한 아름다움으로 포인트를 주었다. 어두운 배경과 알록달록한 숄이 대비를 이룬다.

왼쪽

의자는 니키 존스Niki Jones 디자인. 고즈넉한 귀퉁이에 놓인 섬세한 자수 쿠션 두 개는 자랑스러워 할 만하다.

위 왼쪽

의자에 장식한 단추에도 섬세한 자수를 놓았다.

오른쪽

성긴 실로 놓은 자수. 스팽글을 장식한 천은 눈으로 보아도, 손으로 만져봐도 느낌이 좋다.

가구와 조명

홈스펀 스타일에서 기능성과 장식성을 겸비한 가구와 조명은 보기에도 좋고 실용적이다. 클래식 디자인 가구부터 중고가구까지, 모든 가구에는 어느 정도 실용성과 풍부한 개성이 적절히 결합되어야 한다.

반짝거리는 장식품들. 원래 크리스마스 전등으로 쓰던 것을 활용해 휑하고 밋밋한 벽을 밝고 재미있게 꾸몄다. 은은하고 주변을 포근하게 감싸는 빛은 편안한 저녁식사 자리에 잘 어울린다. 고전적인 임스Eames의 DSW 의자들은 차분하고 우아한 분위기를 연출한다. 빨간 유아용 식탁의자의 선명한 색감은 역동감 있는 포인트가 된다.

가구와 조명은 어느 공간에서나 중요하고 동시에 많은 역할을 하는 중요 요소이기 때문에, 실용적인 동시에 보기에도 좋아야 한다. 다소 시간이 걸리더라도 이상적인 것을 구입하거나 만들어볼 가치가 있다.

왼쪽
깔끔한 찬장, 그 아래로 보이는 주방용 서랍장이 잘 어울린다. 찬장 페인트칠을 벗겨내어 자재 모양이 그대로 드러나게 한 다음, 주방으로 옮겼다.

위 왼쪽
빈티지 펜던트와 신기한 유리 전등갓이 완벽한 조화를 이룬다.

가운데
줄조명은 벽에 반짝이는 패턴을 넣고 싶을 때 활용할 수 있는 재미있고 융통성 있는 방법이다.

오른쪽
대형매장에서 구입한 가구에 수영장 색깔처럼 예쁜 블루톤 페인트를 칠하니 신선하고 멋진 모양이 되었다. 앞에는 대형 거울을 걸어 최대한 밝기를 높였다.

가구와 조명은 어느 공간에서나 일당백이다. 장식적인 가구도 있지만, 대개 실용성은 가구의 필수 요소이다. 가구는 수납공간, 앉거나 일할 공간, 먹을 공간을 마련해준다. 부피가 큰 가구, 또는 슬림하고 합리적인 가구도 있다. 벽에 기대거나 공간 한가운데에 따로 세워둘 수도 있다.

조명 역시 실용적인 아이템이다. 작업대를 밝히는 탁상등부터 거실을 은은한 빛으로 감싸는 플로어스탠드까지. 인테리어 공간을 밝히는 조명 덕에 해가 진 다음에도 생활이 가능하다. 그뿐만 아니라 조명은 분위기를 조성한다. 모든 디자인에서 반드시 고려해야 하지만, 대개 간과하는 요소이기도 하다.

홈스펀 스타일에 어울릴 만한 가구 스타일을 정할 때 어떤 것이 옳고 그르다는 식의 기준은 없다. 멋진 빈티지 가구, 중고가구 몇 점으로 절실하던 온기와 개성을 채울 수도 있다. 하지만 윤곽선이 날렵하고 우아한 디자이너 가구도 다채로운 컬러와 천으로 꾸민 공간에서 진지한 분위기를 조성한다. 최근 가구 제조회사와 장인들이 선보이는 독특한 가구에도 주목하자. 이런 가구들은 오래 전부터 전해지는 기술에 모던한 외형과 새로움을 결합한 것으로, 인상적이면서도 안락한 느낌을 자아낸다.

투자효과를 생각한다면 고물상에 가서 보물 사냥을 해보자. 중고가구는 홈스펀 스타일의 핵심이다. 낡은 의자를 개조한다거나 나무 테이블에 페인트를 칠하는 방법은 창의적인 동시에 경제적이다. 게다가 공간에는 개성을 더해준다.

왼쪽
선이 깔끔한 가구들을 배치한 공간. 흰색으로 칠한 배경과 잘 어
우러진다. 나무 탁자 표면이 따뜻한 느낌을 주고 페인트칠한 의자,
초록색 장식용 소품 몇 가지로 공간을 강조했다.

오른쪽
진열장 앞면이 유리로 되어 있어 소장품을 한눈에 볼 수 있다. 내
부에 진한 청색을 칠하니 인상적인 배경이 되었다.

Tip
홈스펀 스타일에서 포인트가 될 만한 멋진 아이
템은 눈에 띄게 진열한다. 내부를 차단하는 것보
다 유리문이 달린 수납장과 찬장을 물색해보자.
선반 뒷면을 칠하면 눈에 띄는 배경이 된다.

큼직한 농가용 식탁에 뚱딴지같은 의자들을 매칭해 따뜻하고 편안한 분위기를 연출했다.
흰색의 불투명 유리 펜던트등을 식탁 위로 낮게 드리워 안락하고 분위기 있는 저녁식사
를 즐길 수 있게 했다. 깜빡거리는 촛대도 분위기를 더했다.

위, 왼쪽부터 오른쪽 순
분위기 있는 촛대에 띠 모양 천조각들을 늘어뜨려 다양한 컬러감을 주었다. 인상적인 전등갓은 군더더기 없고 투명한 유리 재질의 받침대와 조화를 이룬다. 가장 오른쪽의 벽등은 시중에서 판매되는 제품. 화이트톤의 유광 페인트를 칠한 다음, 꽃무늬 전등갓을 매칭했다.

아래 왼쪽부터 오른쪽 순
소박한 펜던트등에 달린 선명한 색의 전선이 패브릭 스타일에 일조한다. 촘촘한 패턴과 테두리장식이 섬세한 전등갓과 썩 잘 어울린다. 저렴한 중고 전등갓이 흔치 않으면서 우아한 벽등과 잘 어울린다.

특정 시대 스타일과 자재 가구에만 매달리지 말자. 나무 또는 도색한 나무를 매칭해보거나 60년대풍 협탁에 푹신하고 낡은 안락 의자를 배치해보자. 가구의 크기도 마음 가는 대로 골라보자. 가구가 많지 않아도 멋진 가구 한 점이면 강한 인상을 심어줄 수 있다. 끌리는 가구를 구입하면 가구에 질릴 일도 없다. 구입한 가구는 배치를 달리하는 방법으로 공간을 재구성할 수 있다.

조명은 크게 작업등, 부분등, 주변등으로 구분한다. 저녁식사를 준비하느라 채소를 다듬든, 소설책을 읽든, 작업등은 어느 상황에서나 일의 효율과 안전도를 보장한다. 부분등은 선반에 꽂은 책이나 그림처럼 특정 영역을 집중적으로 비춘다. 주변등은 가시적인 배경 조명이다. 공간마다 이 세 가지 조명을 적절히 섞어 배치해야 한다. 광원의 수와 종류가 많을수록 기분이나 작업에 맞춰 빛을 쉽게 조절할 수 있다. 이를테면 등불처럼, 옮기기 쉬운 광원만 두는 방법도 있다. 그렇다 해도 고정 조명을 두는 것이 좋다. 적당한 곳에 설치한 벽등, 식탁 위로 드리운 펜던트등이나 화려한 샹들리에는 주변등으로 충분하다.

조명을 새로 살 여력이 안 된다면 기존의 것을 바꿔보자. 레트로풍 메탈 펜던트등을 활용하면 심심한 중심 조명에 홈스펀 스타일의 요소를 가미할 수 있다. 엉뚱하고 발랄한 패턴의 전등갓은 기존의 벽걸이형 촛대에 생기를 불어넣는다.

그다음에는 탁상등이나 LED 줄조명처럼 이동하기 쉬운 광원들을 드문드문 배치하자. 유구한 역사와 전통을 자랑하는 광원인 촛불을 잊지 말자. 아늑한 빛을 내뿜는 초는 전기조명을 보완하는 한편, 장식성이 뛰어난 광원이다.

위
작업대 위 탁상등은 세밀한 작업에 필요한 작업등 역할을 한다. 예쁜 조
개껍질로 엮은 전등갓과 천장등은 보기 좋게 짝을 이루며 은은한 배경
조명을 만든다. 벽걸이 선반을 설치하여 작업대를 깔끔하게 정리했다.

오른쪽
기다란 책상 대신 원형 테이블 두 개를 놓아 작업대로 활용했다. 가까운
벽에 선반을 설치해 작업대를 온전히 작업용으로 쓸 수 있게 했다. 선반
에는 각종 재료, 책, 도구 들을 보관할 수 있다.

디스플레이

이제 미니멀리즘은 잊어라. 홈스펀 스타일은 아끼는 아이템을 보이는 곳에 진열한다. 지극히 평범한 아이템도 개성적으로 디스플레이하면 인상적이다.

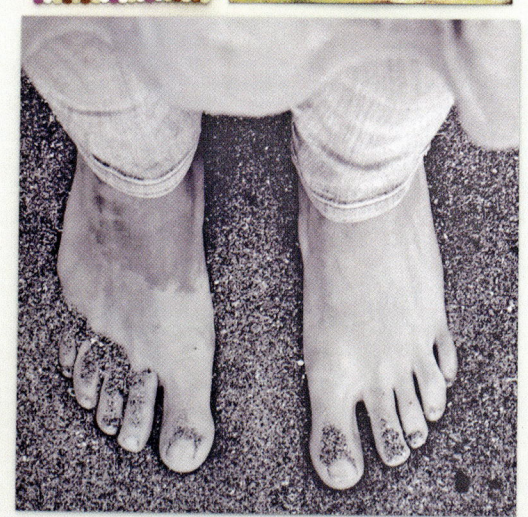

왼쪽
예쁜 빈티지 그릇을 쌓은 다음, 천으로 만든
꽃과 리본, 버튼을 같이 배치하면 장식성을
높일 수 있다.

오른쪽
콜라주풍으로 꾸민 벽. 아이들이 그린 그림,
사진, 엽서 들을 붙였다. 이런 식으로 이미지
를 아무렇게나 붙이기만 해도 공간의 활기
와 변화를 손쉽게 꾀할 수 있다.

개인 소장품과 독특한 애장품은 홈스펀 스타일과 잘 어울리는 짝이다.
하지만 디스플레이할 위치, 방법은 창의적으로 생각해보자. 벽에 그저
그림만 붙이라는 법은 없다. 사진에서 보이듯 선반에는 책만 꽂아야
한다는 법도 없다.

왼쪽
액자에 끼운 가족사진을 벽에 걸면 뛰어난 장식효과를 낸다.
하얀 액자틀은 각각의 사진에 통일성을 준다. 사진 사이사이
에 접시 몇 개를 걸어두니 한결 여유로워졌다.

위 왼쪽
정원에서 꺾은 생화를 크리스털 샹들리에에 감았다.

가운데
빈티지 자수 스크랩을 액자에 깔끔하게 끼웠다. 페인트로 칠
한 서랍장 위에 액자를 세워놓으니 그 자체만으로 예술작품
이 되었다.

오른쪽
책등 색깔에 맞춰 꽂은 책들. 선반 한 칸에는 자질구레한 장
식품과 소장품을 진열했다.

집에 가구를 들이고 조명을 마련했다면, 이제 창의적으로
디스플레이할 때다. 홈스펀 스타일에서는 모든 것을 드러낸
다. 아이템을 눈에 안 보이는 곳에 두고 가구 위에는 아무
것도 두지 않는, 매끄럽고 모던한 집과는 정반대이다. 홈스
펀 스타일에서는 생기발랄한 아이템들의 매력을 마음껏 즐
긴다. 그런 이유로 사연이 있고 장식효과가 뛰어난 아이템을
공간에 디스플레이한다.

왼쪽
언뜻 보기에 레트로풍 엽서와 식물 그림을 테이프로 붙여 정성스럽게 장식한 벽처럼 보이지만, 사실은 패턴 벽지이다. 시간이나 재료가 부족하다면 콜라주풍 벽지를 붙이는 것도 좋은 방법이다.

위 왼쪽
전원풍 나무 계단에 핀으로 엽서를 꽂았다. 시침핀이나 압정 머리에 단추를 달아, 소소한 부분에서도 장식적인 효과를 노렸다.

오른쪽
못 두 개 사이에 철사를 걸어보자. 사진에서 보듯, 다채롭고 변화무쌍한 디스플레이의 출발점이 된다. 철사에 집게를 달아 장난감이나 자잘한 장신구, 그림 들을 걸었다.

보기 좋은 그릇부터 낡은 엽서, 구슬 목걸이, 알록달록한 책. 누구나 남에게 내보이고 싶은 물건을 수집한다. 이 세상에 단 하나뿐인 것도 아니고, 값이 많이 나가는 것도 아니다. 그저 평범한 보물에 불과하다. 홈스펀 스타일은 이런 보물을 수납함이나 찬장 안에 감추기보다는 보이는 곳에 디스플레이한다. 심플한 후크에 목걸이를 걸면 훌륭한 장식품이 된다. 개방형 선반을 두면 개인적인 보물들을 보관할 때조차 그 멋스러움을 즐길 수 있다. 찬장에는 일상 용품, 주방에는 청소용품, 서재에는 문서, 거실에는 DVD를 진열해보자.

디스플레이에는 그저 스타일을 살려주는 것 외에도 실용적인 효과가 있다. 물건을 훨씬 쉽게 찾을 수 있기 때문이다. 액세서리를 걸어두거나 컵과 볼을 잘 보이는 곳에 두면 어디에 뒀는지 기억하기도 쉽고, 훨씬 편하게 쓸 수 있다. 또한 디스플레이가 나날이 발전한다는 것을 한눈에 볼 수 있다. 홈스펀 스타일은 유기체적인 방식이다. 진열한 아이템을 매일같이 감상하고 어루만지고 사용한다. 일과 중 하나씩 꺼내 쓰고 다시 넣어두는 과정에서 랙에 꽂아둔 접시나 선반에 늘어놓은 유리컵의 순서는 자연스럽게 뒤바뀐다.

디스플레이용 아이템 쇼핑은 기분 좋은 일이다. 치수와 크기에 얽매일 필요도, 온통 기능성만으로 머리를 꽉 채울 필요도 없다. 가구를 쇼핑할 때처럼 마음의 눈으로 보자. 모양이나 색깔이 마음에 드는 아이템은 쉽게 찾을 수 있다. 일단 고르고, 어디에 둘지는 나중에 정하자. 지갑이 두둑하지 않아도 된다. 시장, 전시장을 어슬렁거리며 세일품목을 찾아보자. 저렴한 아이템도 오랫동안 효율적으로 활용할 수 있다.

Tip

한 점의 그림만으로 완벽한 방을 꾸미려는 생각은 그만두자. 그보다 벽에 여러 개의 그림을 붙이는 홈스펀 스타일을 활용해보자. 창의적인 디스플레이가 가능할 뿐 아니라, 다른 그림을 덧붙이기도 쉽다.

보기 좋게 꾸민 사진 속의 벽처럼, 배지부터 사진, 잡지와 책에서 찍은 이미지, 무엇이든 포인트 벽지로 활용할 수 있다. 이렇듯 생동감 넘치는 공간에서는 응용도 자유롭다. 벽에 또 다른 이미지를 붙이거나, 전에 붙인 이미지를 다른 곳으로 옮길 수도 있다.

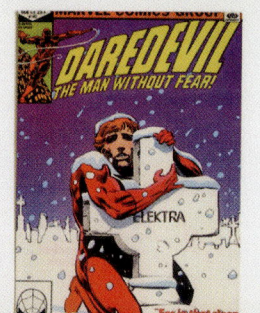

아이템을 고를 때에는 발상을 전환시켜보자. 일상용품을 전혀 다르게 활용해보는 것이다. 단출한 실패, 해먹은 페이퍼백까지. 종 모양 유리단지를 아이템 덮개로 쓰거나, 벽난로 위 선반에 쌓아두면 어느 것이든 보기 좋다. 마찬가지로 오래된 기름통, 활판인쇄용 트레이, 목재 구두골 등 한때 실용적이던 아이템을 진열하면 뛰어난 장식효과를 낼 수 있다.

벽을 디스플레이 공간으로 활용하면 편리하다. 조화 같은 것은 생각하지 말고 미술품을 걸어보자. 흑백사진을 끼운 액자는 환한 색깔의 벽지와 멋진 대조를 이룬다. 고물상에서 구한 접시를 달거나, 핀이나 테이프로 엽서를 붙여보자. 중요한 것은 유연한 사고이다. 자유분방한 디스플레이가 공간을 혼란스럽게 만들까 우려한다면 컬러 조합을 활용해 세련되고 질서정연한 분위기를 연출할 수 있다. 책등의 색깔별로 책을 꽂는다거나, 비슷한 색조의 도자기를 선반에 자유로이 배치해보는 것이다. 커다란 액자 하나보다 작은 액자 여러 개를 두고 싶다면, 액자틀의 색을 통일해 일관성을 주면 된다. 이렇게 꾸민 홈스펀 스타일 공간은 구태의연하지 않은, 하나부터 열까지 신중하고 조화로운 공간이 될 것이다.

왼쪽
접시는 멋진 포인트 벽지가 될 수 있다. 모던풍, 빈티지풍 그릇을 믹스매치해 다소 느슨한 느낌으로 벽에 디스플레이했다. 여기에 모양과 크기가 제각각인 접시를 나란히 걸어 벽을 장식했다.

뒷장 왼쪽
아끼는 물건은 후크에 걸어 간편하게 디스플레이할 수 있다. 색색깔의 그릇은 초록색 접시 선반에 보관했다. 후크에는 메탈릭 질감의 컵을 달아 빛을 더했다.

뒷장 오른쪽
개방형 선반에 보관한 아렌달 세라믹스Arendal Ceramics 그릇. 눈에 보이게 두어, 쓰지 않을 때에는 장식적 효과를 낸다.

수수한 선반에 좋아하는 물건들을 진열하니 더없이 멋진 공간이 되었다. 아이템은 저마다 배경 벽지 색과 조화를 이룬다.

위
선명한 색의 그릇, 유리컵을 주방 선반에 두어 편안한 홈스펀 스타일의 분위기를 연출했다.

위

보기 좋은 아이템 위에 종 모양 유리병을 씌워보자. 단순한 실패라
도 멋진 장식품이 된다.

아래

천 소재의 핸드메이드 꽃으로 스텐실 탁자 위를 장식했다.

오른쪽

중후하고 어두운 액자에 끼운 흑백 가족사진. 작업 공간 안의 레트
로풍 핑크색 벽지가 주황색 의자와 기발하게 대비를 이룬다. 마음
가는 대로 걸어둔 사진들은 대체로 동심원 모양으로 배치되어 있
어, 벽지의 물방울 무늬를 한층 돋보이게 한다.

공간
space

휴식이 있는 일상

휴식공간으로 가장 먼저 꼽는 것은 거실이다. 오늘날 거실은 공식적 모임 장소라기보다 휴식공간에 가깝다. 온전히 휴식만을 위한 공개된 공간에서 보드라운 천, 따뜻한 컬러, 푹신한 소파는 온화한 분위기를 자아낸다.

왼쪽
'소파천은 무난하게, 패턴은 쿠션과 어울리게'라는 일반적인 규칙을 파괴한 거실 공간. 대담한 패턴의 천을 씌운 소파가 눈길을 끈다. 색이 강렬한 무지 벽지는 꽃무늬와 조화를 이룬다.

위
환한 색의 쿠션이 눈에 띄는 코너 소파. 소파에서 마주 보는 곳에 TV가 아닌, 티테이블을 두어 사교적인 공간으로 꾸몄다. 흰색으로 통일한 바닥과 벽은 상쾌한 느낌을 준다.

홈스펀 스타일에서 느긋하게 쉴 수 있는 편안한 분위기는 매우 중요하다. 그렇다 해도 집에서 가장 사교적인 공간인 거실에서는 실용성도 무시할 수 없으므로 기반을 튼튼히 다져야 한다. 자신을 비롯한 가족 모두에게 효율적인 거실 면적을 생각해보자. 편안하고 아늑한 거실을 원하는지, 아니면 다용도 오락공간이나 가족이 함께 시간을 보낼 수 있는 거실을 원하는지. 거실에는 용도에 맞는 바닥재, 일당백을 하는 수납공간과 가구를 마련해야 한다. 가족 위주의 공간에서는 세탁 가능한 커버를 씌운 푹신한 소파, 내구성이 강한 바닥재가 중요하다. 하지만 보다 중후한 분위기를 내려면 맵시 있는 코너 소파, 커피 테이블, 입체감이 풍부한 러그가 중요하다.

아무것도 없는, 아니면 가구가 없는 공간을 생각해보면 적절한 가구를 찾는 데 도움이 된다. 거실 공간에도 개성이 있다. 이를테면 개성 강한 난로와 큼직한 창문을 배치할 수 있다. 기발하게 늘어뜨린 조명이 가구 선택에 영향을 미칠 수도 있다. 몰딩, 징두리테나 체어 레일(chair rail: 의자 등받이 때문에 벽이 상하는 것을 막고자 덧댄 판자), 멋진 패널처럼 독창적인 요소도 활용할 수 있다. 이 모든 것은 한 번쯤 고려해볼 만하다.

거실 공간을 천천히 살펴봐도 개성이 없을 수 있다. 걱정은 접어두자. 재활용품으로 손쉽게 매력적인 공간으로 만들 수 있다. 고물상에서 주워온 특정시대 양식의 문짝, 벽난로, 버려진 바닥재는 공간에 온기를 더해 홈스펀 스타일의 특징을 한층 더해준다.

이제 벽을 고민할 차례이다. 홈스펀 스타일로 꾸미는 거실은 대개 무난한 가구와 천, 도색 가구를 고른 다음, 컬러와 패턴으로 포인트를 준다. 배경인 벽은 은은한 컬러를 선호한다는 점을 염두에 두자. 공간을 꾸미기도 쉽고, 경제적인 방법이다. 고가의 페인트는 잊어버리자. 평범한 흰색 페인트 한 통이면 충분하다. 면적이 좁다면 순백색은 피해야 한다. 광택과 반사효과가 너무 커서 편안한 느낌을 주지 않고, 눈을 부시게 한다. 비좁은 공간에서는 컬러를 이리저리 활용하는 것도 좋다. 선명한 색을 벽에 더하거나 문에 칠해 극적인 효과를 줄 수 있다. 부분적으로 색감을 더하려면 주조색과 대비를 이루는 밝은 색을 쓰면 된다.

왼쪽
책은 꼭 선반에 꽂지 않아도 된다. 탑 모양으로 쌓아두면 다채롭고 인상적이다.

오른쪽
비좁은 거실공간에서도 붙박이 선반은 중요하다. 수납용은 물론, 진열용으로도 쓸 수 있다.

스칸디나비아풍으로 꾸민 집. 벽은 흰색 페인트로만 칠했을 뿐인데도, 나무 패널 덕분에 편안한 느낌을 준다. 산뜻한 배경은 색감이 예쁜 가구들의 매력을 살려준다. 나무 가구는 자극적이지 않고 차분한 핑크색, 복숭아색, 애플그린색을 칠했다. 이런 가구들과 대조를 이루는 모던하고 차분한 소파는 홈스펀 스타일의 큰 축을 이룬다. 소파에는 쿠션으로 생기를 주었다. 그림은 마음 내키는 대로 선반에 배치해, 쉽게 옮길 수 있게 했다.

어느 공간이나 바닥은 벽 다음으로 비중을 많이 차지하므로 신중하게 생각해야 한다. 거실은 휴식을 위한 공간이지만, 동시에 사람들이 많이 지나다니는 공간이기도 하다. 그러므로 맨발로 다녀도 되는 부드러운 러그와 실용적인 바닥재를 매칭하자. 내구성이 강한 나무 바닥재야말로 훌륭한 선택이다. 밟고 다녀도 끄떡없고, 공간에 맞는 색을 칠할 수도 있다. 따뜻한 색감의 바닥은 어두운 공간을 환하게 만들고, 천연색의 효과를 높인다.

오랫동안 양탄자에 가려 안 보이던 낡은 바닥재에 사포질을 하고 틈새를 막아, 전혀 다른 모습으로 바꿔보자. 바닥재를 새로 깔 생각이라면 좁은 공간에는 얇은 것을, 넓은 공간에는 균형감을 고려해 폭이 넓은 바닥재를 고르는 게 좋다.

자연광은 홈스펀 스타일에서 중요한 요소이다. 그러니 창문에 잡다한 것을 많이 달지 말자. 롤러 블라인드나 수수하고 얇은 커튼만 달아도 빛이 충분하다. 창에 컬러로 포인트를 주고 싶다면 알록달록한 패브릭으로 만든 장식용 깃발을 달아도 좋다. 실크는 매우 효과적인 재질로 홑겹 실크 커튼을 달면 산들바람, 들이치는 바람을 있는 그대로 느낄 수 있다. 빛이 잘 안 드는 방에 커다란 거울을 두면 한결 밝아진다.

거실 공간의 큰 그림을 그렸다면 세부적인 것을 생각해볼 수 있다. 거실에 TV를 둬야 할까? 작업용 책상을 둘 것인가, 아니면 순수한 휴식용 공간으로 꾸밀 것인가? 소박한 공간으로 꾸밀 것인가, 책과 물건을 보관하는 수납공간도 겸할 것인가?

홈스펀 스타일은 오로지 휴식에만 초점을 맞춘 거실공간을 선호한다. 거실은 독서와 수다, 또는 취미생활을 위한 공간이므로 TV는 다른 방에 두고 가구는 사교생활을 감안해 배치한다. 거실 공간에서는 커피 테이블이나 벽난로가 중심이 된다. 특히 개방형 공간에서는 어느 각도에서나 가구가 보여야 하므로, 가구의 모든 면을 따져봐야 한다는 점을 잊지 말자!

톡톡 튀는 천을 덧씌운 안락의자. 차분하던 거실공간에 홈스펀 스타일이 가득하다. 마감처리하지 않은 마루 바닥 위에 사이잘 러그를 깔아 자연스러운 질감을 더했다.

홈스펀 스타일이 가구의 다양한 조합을 선호하는 것은 사실이지만, 붙박이 가구도 제외 대상은 아니다. 붙박이 찬장이나 선반, 하단에 수납공간이 딸린 벤치를 두면 무용지물이던 벽감이나 애매한 구석공간을 활용할 수 있다. 붙박이 선반에는 집주인의 정체성과 취향을 고스란히 담은, 아끼는 물건이나 책을 진열할 수 있다. 이런 식의 디스플레이는 아늑한 홈스펀 스타일을 연출할 수 있다.

홈스펀 스타일의 거실에서 빠지지 말아야 할 독립식 가구는 소파이다. 앉을 일이 많다면 프레임이 튼튼한 것으로 고르자. 견목재나 철제 프레임이 가장 좋다. 세탁하기 쉬운 커버도 중요한데 분리와 세탁이 가능한 커버는 가정생활에 적합하다. 세탁한 커버는 다시 소파에 끼운 상태로 건조시켜야 한다. 청바지처럼 크기가 줄어들기 때문이다. 빵부스러기, 반려동물의 털을 한층 쉽게 털어낼 수 있는 조직이 치밀한 직물도 실용적이다. 비좁은 공간이라면 다리가 달린 2인용 소파를 찾아보자. 소파에 앉아 공간을 둘러볼 수도 있고, 밑부분이 뚫려 있어 공간이 넓어 보이는 착시효과를 준다.

새로 산 것이든 중고든, 아니면 오래 전부터 집에 있던 소파든, 무릎담요나 일반담요를 걸쳐두기만 해도 홈스펀 스타일의 요소가 된다. 그렇게 하면 소파에 자국과 때가 남지 않고, 세월의 흔적도 감출 수 있다. 공간에는 컬러와 패턴을 더할 수 있다. 벽, 바닥재와 대비를 이루는 색깔의 소파라면 배경에 묻힐 일이 없다. 거듭 강조하지만 무릎담요와 일반담요만으로도 개성 있는 디자인을 연출할 수 있다. 여기에 포근한 느낌을 더하려면 다양한 패턴이 섞인 화려한 쿠션들을 활용하는 것도 방법이다.

계단 밑에 수납공간을 마련하는 것은 기존에 많이 쓰던 방법이다. 이 방법을 변형시킨 사례로 붙박이 벽장이 아닌 개방형 선반을 두고 그릇을 진열했다. 바닥에는 편안한 안락의자를 배치했다.

위

홈스펀 스타일과 컬러는 아주 가까운 사이이다. 몇 가지 안 되는 색으로도 큰 효과를 노릴 수 있다. 스노우 화이트 톤으로 꾸민 공간에 절화, 수수한 그림 두 점으로 포인트를 주었다. 홈이 이어지는 패널들은 연한 톤 사이에서 멋진 디테일이 된다.

오른쪽

발랄한 머스터드 색이 모퉁이 공간을 살렸다. 탈색한 바닥재는 주조색인 흰색과 무리한 대비를 이루지 않으면서 공간에 생기를 불어넣는다. 여기에 싱그러운 초록색 잎사귀가 달린 생화는 활기찬 느낌을 준다.

거금을 들여 비싼 소파를 살 수도 있지만 저렴한 소파만으로도 충분히 멋진 공간을 꾸밀 수 있다. 프릴 장식이 없는 소파에 화려한 초록색 천을 씌웠고, 중고 등의자에 무릎 덮개와 쿠션을 두어 풍류를 더했다. 페인트로 칠한 소박한 나무 가구들은 편안하고 다채로운 디자인을 완성한다.

흰색 소파에 푹신한 퀼트천을 매칭하니 모양새도, 촉감도 좋아졌다. 비슷한 색으로 칠한 스툴 두 개에 패턴 천을 나란히 활용해 편안한 공간에 앉을 만한 자리를 마련했다. 흑백 이미지로 간단하게 만든 미술 작품, 독특한 거울을 배치해 자칫 유치할 수도 있는 분위기를 중화시켰다.

왼쪽
차분한 색의 커버, 알록달록한 쿠션들을 활용해 꾸민 멋진 공간. 선반에는 책과 잡지 표지가 보이게 꽂아 단조로운 벽에 재미를 더했다.

위
넉넉한 벽장에는 DVD 같은, 거실에 꼭 필요한 아이템을 수납해 방을 깔끔하게 유지할 수 있다.

꼭대기층 거실공간에 선명한 색의 천으로
포인트를 주었다. 미술품이나 액자에 핫핑
크, 네온핑크 색을 칠하기만 해도 색감이 풍
부해진다.

바닥에 까는 러그는 필수적이다. 양가죽부터 생기발랄한 에스닉풍 천까지, 다양한 러그를 활용하면 개성 있고 편안한 바닥으로 거듭난다. 고가의 러그가 아니어도 된다는 사실은 희소식이다. 중고로 구입한 러그도 보기에 좋을 수 있고, 저렴한 러그로도 개성을 연출할 수 있다. 얼룩이 질까 걱정스러운 마음에 러그와 담을 쌓지 말자. 전문 세탁업체에 맡기면 (러그가 별로 안 크다면 하다못해 드라이클리닝을 하더라도) 다시 보기 좋아질 것이다. 러그는 공간에 편안함, 컬러, 패턴을 더할 뿐 아니라 방음효과도 가지고 있어 아파트에는 더없이 효과적이다. 또한 공간을 구분해준다는 점 때문에 개방형 공간에서도 유용하다. 키가 낮은 탁자 아래 러그를 깔고 주변에 소파를 배치해보자. 휴식공간을 분명히 구분지을 수 있다.

등나무 가구는 가볍고 저렴하고 장식효과도 뛰어나다. 등나무 벤치 위로 부드러운 핑크색, 초록색 쿠션들이 보인다. 활짝 열린 창문이 벤치를 둘러싼 모양이다. 거울 앞에 꽃장식을 드리우고 천장에는 미니등을 달아 색감을 더했다.

왼쪽
비바람이 들이치지 않는 발코니. 손수 제작한 낮잠용 침대, 화분식물, 여러 개의 쿠션을 놓아 안락한 거실공간으로 개조했다.

위
시원스러운 창 가까이에 벤치를 두었다. 앉아서 책을 읽거나 커피를 마시고 싶은 마음이 절로 드는 공간. 큼지막한 꽃무늬 러그는 자잘하고 정교한 패턴의 쿠션과 조화를 이룬다.

위
칸막이 트레이에 아끼는 물건들을 담았다.

오른쪽
벽과 바닥을 흰색으로 통일한 거실공간. 큼지막한 프렌
치창을 달아 공간을 가능한 밝게 했다. 속이 비치는 커
튼을 커튼봉이 아닌, 나뭇가지에 걸어둔 부분에서 기지
를 엿볼 수 있다. 레트로풍 꽃무늬 천으로 만든 쿠션들
이 유쾌한 분위기를 조성한다.

주방과 식당

식사 겸 조리공간은 가정에서 흔한 풍경이다. 이런 공간에서는 작업, 놀이, 요리, 식사, 사교활동을 할 수도 있고, 아니면 그냥 가만히 앉아 커피를 마실 수도 있다. 그러니 여기에는 편안한 분위기를 강조하는 생기발랄한 홈스펀 스타일이 제격이다.

왼쪽
페인트칠이 오래된 빈티지 토릭스Tolix 의자
가 식사공간을 한결 편안하게 만든다. 창문
은 옆방과 마주하고 있다. 연노란색 페인트
로 창문틀을 칠했고 같은 색 그릇을 두어 통
일감을 주었다.

몇 십 년 전만 하더라도 주방과 식당은 별개의 공간이었다. 대개 집 안에 마련된
주방에서 음식을 준비한 다음, 따로 떨어진 식당에서 밥을 먹었다. 하지만 이제
는 같은 공간 안에서 요리와 식사를 해결한다. 이런 공간을 홈스펀 스타일로 꾸
미면 활기차고 멋진 공간이 될 수 있다.

주방 겸 식당에 대해서는 할 이야기가 많다. 먼저, 기능성과 편의성을 모두 갖추
어야 한다. 이를테면 주전자는 신문을 보면서도 커피를 쉽게 따라 마실 수 있는
것이어야 한다. 식탁과 의자 사이의 거리는 적당해야 한다. 주방 겸 식당은 매우
사교적인 공간이기도 하다. 아이들에게 한쪽 구석에서 숙제를 하게 하거나 친구
들과 수다를 떨면서 식사를 준비할 수 있다. 모두 한자리에 모여 조리와 테이블
세팅을 분담하고 도울 수도 있다. 이렇듯 친근하고 편안한 분위기는 홈스펀 스타
일의 중요한 요소이다.

앞장과 왼쪽
미니멀한 주방과 대조되는 조리공간. 온갖 것을 눈에 보이는 곳에 진열해 스타일 감각을 발휘했다. 다채로운 개방형 선반에는 주인이 모은 예쁜 그릇을 수납. 조리도구들은 낡은 깡통에 아무렇게나 꽂아두거나 수수한 후크에 걸어두면 찾아쓰기 쉽다.

별도의 공간이 아닌, 한 공간에서 조리와 식사를 해결하면 훨씬 효율적으로 공간을 활용할 수 있다. 이 방법은 특히 좁은 집에 이상적이다. 공간이 좁다고 해서 주방 겸 식당을 포기하지 말고 적절한 디자인의 수납공간을 신중하게 골라보자. 아담한 식탁과 의자를 둘 만한 공간은 확보할 수 있을 것이다. 아니면 붙박이 벤치도 고려해보자. 공간을 절약해주는 동시에 필수적인 수납공간을 마련해준다. 공간이 좀 더 넉넉하다면 상상력을 마음껏 발휘해보자. 공간이 넓으면 최첨단 주방가전부터 소파, 책상까지, 무엇이든 배치할 수 있다.

홈스펀 스타일은 지극히 실용적인 공간에서도 자유롭고 유기체적인 방식으로 가구를 배치한다. 가구가 아무 것도 없다면 큼직한 붙박이 찬장의 유혹은 떨쳐내자. 벽걸이 찬장은 공간을 번잡스럽게 만들 수 있으므로 협소한 주방에 어울리지 않는다. 그보다는 독립식 가구와 붙박이 찬장을 매칭해보자. 조리대, 유리문이 달린 찬장, 협탁, 오래된 옷장. 시장이나 앤틱 전시장에서 찾을 수 있는 이런 가구는 주방용품을 넉넉히 수납할 수 있다. 널찍한 식탁은 작업대로도 쓸 수 있다. 아니면 40년대, 50년대 가구를 찾아보자. 이 시기는 붙박이 가구와 독립식 가구가 비교적 다양한 편이라서 중고 가구점에서 멋진 찬장을 발견할 수도 있다.

위
알록달록한 그릇들은 홈스펀 스타일의 단골 손님. 서로 영 안 어울릴 법한 그릇들. 하지만 하나같이 귀여운 꽃무늬가 들어 있어 한자리에 모아두면 환상적인 조화를 이룬다.

가운데
눈에 안 보이는 찬장에 두자니 너무 화려한 칠리고추. 핑크색 볼과 멋지게 어우러진다. 인도풍 천으로 만든 쿠션 커버에서는 독특한 자수가 눈길을 끈다.

위 오른쪽
알록달록한 잔들이 홈스펀 스타일을 만들어낸다.

아래 왼쪽
레트로풍 저장용기는 시장에서 구하기도 쉽고, 매우 실용적이다. 캐니스터에 귀여운 라벨을 붙여 개성을 표현했다.

아래 오른쪽
지극히 실용적인 조리나 식사도구도 전혀 다른 방식으로 디스플레이할 수 있다. 다채로운 색의 행주, 식탁매트, 멜라민 소재의 식기들을 개방형 선반에 쌓으니, 멋진 장면이 탄생했다.

오른쪽
편안한 식당공간. 테이블 위에 펜던트등을 달아 불을 밝혔다. 전등갓은 혼응지로 직접 만든 것. 바닥에 깐 합성섬유 재질의 양탄자는 화려하고 튼튼할 뿐 아니라, 공간을 구분하는 역할도 한다.

왼쪽

느긋한 분위기의 식당. 패턴 천, 레트로풍 벽지, 빈티지 꽃무늬 그림을
활용해 공간을 꽃무늬로 장식했다. 낡은 탁자 위에도 실용적인 꽃무늬
유포를 깔았다.

위

테라스에 지붕을 씌워 마련한 식당. 파란색으로 칠한 벽이 기발한 쿠션
들과 분명한 대조를 이룬다.

왼쪽
물건들을 쓰지 않을 때 개방형 선반에 두면 눈에 잘 띄고 보기에도 좋다.

위
모던한 주방은 대개 기능성을 강조하지만, 홈스펀 스타일 주방에서는 기능성은 물론 장식성도 중시한다. 빈티지 유리문 캐비닛, 페인트로 칠한 선반은 전통적인 주방 찬장, 조리대보다 훨씬 독특하다.

깔끔한 조리 공간. 예쁜 깅엄 체크 커튼을 찬장 문 대신 달고, 냉장고에는 초록색 도트 무늬 스티커를 붙였다. 저렴한 흰색 벽 타일 사이사이에 포인트가 될 만한 귀여운 동물 그림을 붙여 개성을 살렸다.

지금 있는 주방용 찬장이 튼튼하기는 해도 개성이 부족하다면 해결책은 다양하다. 문짝을 새로 달아 개조하는 방법을 고려해보자. 문의 컬러와 마감재를 맞춤 제작식으로 만들어 파는 전문점도 많다. 아니면 낡은 문짝을 직접 칠해보자. 싫증난 손잡이를 예쁜 것으로 바꿔달기만 해도 특색 없던 찬장 분위기가 바뀔 것이다. 선반이나 가전 앞면에 천으로 장식한 패널을 붙이면 예산절감 효과는 물론, 공간에 컬러와 패턴을 더해주는 효과도 있다. 싱크대 앞면의 가림판이 밋밋하다면 타일을 바꾸거나 재미난 벽지를 붙인 다음, 투명 아크릴 수지나 유리를 덧대보자. 그런 다음 개방형 선반을 달아 애장품의 수납과 디스플레이를 한번에 해결하자.

개방형 공간의 단점은 오븐이나 싱크대 바로 옆에서 식사를 하거나 친목을 도모해야 한다는 점이다. 그러니 식탁 위치는 신중하게 정하자. 공간에 여유가 있다면 주방 겸 식당 가운데에 독립형 수납장을 두는 방법으로 허리 높이의 공간 분리대를 설치할 수 있다. 시장이나 전시장 같은 소문난 잔치에서 식탁이나 의자, 그 밖의 가구들을 물색해보자. 나무 의자에 페인트를 칠해 온기를 불어넣을 수도 있다. 실용적인 유포油布는 식탁 위의 보기 싫은 얼룩을 가려준다.

가전처럼 실용적인 요소는 잘 생각해야 한다. 화이트톤의 가전은 주방에 반드시 필요하지만, 보기에는 좋지 않을 수도 있다. 그럴 경우 붙박이장 안으로 넣거나 예쁜 커튼으로 가리면 된다. 예산이 넉넉하다면 스매그Smeg사의 FAB라인 같은, 윤곽선이 둥글둥글하고 색감이 발랄한 레트로풍 가전을 구입하자. 조명은 실용적이면서도 분위기 조성에 일조해야 한다는 점을 명심해야 한다. 조리대 가까이에는 작업등을, 식탁은 그보다 은은한 하향식 조명을 달자. 식탁 위로 드리워진 펜던트등은 홈스펀 스타일에서 일반적이다. 공간 구분에도 유용하고 식당 공간에 적합한 아늑한 조명을 조성한다.

군데군데 벗겨진 탁자와 의자처럼, 세월의 흔적이 묻어나는 가구들을 식당에 두면 따뜻한 분위기를 자아낸다. 또 하나의 요긴한 아이템인 나무행거는 멋스러운 가방들을 걸어둘 수 있다.

왼쪽
깔끔한 흰색 캐비닛에 보관한 유리잔들. 잔에서 드문드문 보이는 빨간색, 초록색이 기발한 디스플레이에 색감을 더해준다. 빈티지 유리잔을 구입하기에 좋은 장소는 플리마켓과 전시회장.

오른쪽
빈티지풍과 모던풍의 결합은 홈스펀 스타일에서 흔히 볼 수 있는 일이다. 세련된 메탈소재 테이블에 페인트로 칠한 편안한 나무의자를 배치했다. 테이블 위에 정교한 유리 펜던트등을 달아 식탁을 은은하게 밝히고 창에는 커튼을 달지 않아 일광을 최대화했다.

주방 겸 식당 같은 개방형 공간은 바닥재가 눈에 잘 띈다. 공간을 더 넓게 보이게 하고 싶다면 전체적으로 똑같은 바닥재를 쓰자. 아니면 두세 가지 재질이나 컬러의 바닥재를 써서 주방과 식당을 구분할 수 있다. 두 공간의 바닥을 다른 색으로 칠하는 방법도 있고, 세탁이 가능한 러그나 매트를 활용해 공간의 성격을 구분할 수도 있다.

세트로 맞춘 그릇이나 식기도 잊어버리자. 홈스펀 스타일에서는 다양한 컬러와 모양, 패턴이 빚어내는 생기를 선호한다. 이가 안 맞는 그릇들을 디스플레이하기는 쉽다. 가구들의 유일한 공통점이 화려한 색깔뿐이라면 새로 가구를 들일 때에도 그 기준을 적용할 수 있다.

홈스펀 스타일은 개방형 선반, 디스플레이를 선호하지만, 눈에 안 보이는 곳에 두어야 하는 주방용품도 있다. 믹서기, 대형 팬, 오래된 구이판 같은 주방용품들은 미관상 좋지 않으므로 찬장이나 바구니에 넣어두자. 가지각색의 식재료 역시 보기 좋은 경우는 드물다. 감자를 넣은 포대로 세련된 분위기를 연출하기는 불가능하다. 이런 것들은 찬장 속에 보관하자. 파스타, 쌀, 설탕처럼 자주 쓰는 식재료는 예쁜 저장용기, 오래된 유리 밀폐용기, 또는 시장에서 산 알록달록한 철제 캐니스터에 넣어 개방형 선반에 두면 된다.

컬러와 모양에 대한 애정은 홈스펀 스타일에서 중요하지만, 조화 역시 마찬가지로 중요하다. 장식성과 기능성은 적절히 균형을 이루어야 한다. 아이템을 디스플레이하면 개성을 표현할 수 있지만, 욕심이 지나치면 공간이 어지럽고 산만해진다. 디스플레이할 아이템은 선별하자. 식기는 꼭 서랍에 넣어두지 않아도 된다. 그보다는 개방형 선반에 둔 용기나 낡은 깡통에 꽂아두어 쉽게 쓸 수 있게 보관하자. 국자, 슬로티드 스푼(slotted spoon: 스푼에 구멍이 뚫려 있어 액체와 고체를 분리할 수 있는 조리도구), 제빵용 칼처럼 소박하고 실용적인 주방용품을 후크에 걸면 장식효과를 낼 수 있다. 그러니 후크, 선반, 고리, 접시걸이도 마련하자. 아기자기한 마른행주부터 무늬가 그려진 그릇까지, 뭐든 걸어서 진열할 수 있다. 그런 다음, 차분하고 깔끔한 공간과 조화를 이루게 하려면 눈에 거슬리는 주방용품들을 안 보이는 곳에 치우자.

흰색과 나무로만 꾸민 단순한 디자인은 어느 식당에나 잘 어울리며 손쉽게 변형시킬 수 있다. 사진 속 생화는 공간에 색감을 준다. 한쪽 벽면에 수납공간을 마련한 덕분에 지저분해질 일이 없다.

왼쪽
전통적인 주방용 찬장을 식당에 들여놓으니 멋지고 실용적인 가구가 되었다. 그릇, 유리잔을 찬장에 보관해두고 편하게 꺼내 쓸 수 있게 했다. 찬장에서 자재가 그대로 드러난 부분, 흰색 페인트를 칠한 부분을 볼 수 있다. 테이블, 페인트 칠한 의자는 찬장과 어울리는 것으로 골랐다.

위
냉장고에 귀여운 자석들을 붙여 알록달록하니 예쁘게 꾸몄다. 방울 모양 솔, 크로쉐 장식을 이용해 아이가 그린 그림을 고정시켰다.

아래
미닫이문이 달린 수납장을 두면 그릇과 유리잔의 디스플레이 여부를 원하는 대로 결정할 수 있다.

색감이 풍부한 주방. 조리대 뒤 가림막에 자투리 벽지를 붙여
기능성 가구에 홈스펀 스타일의 요소를 더했다. 레트로풍 냉
장고, 이케아 의자 색도 기발하다. 패치워크 식탁보가 마침표
를 찍어준다.

수수한 주방 한 구석에 식당 공간도 마련했다. 흰색 톤의 가구, 작업대, 테이블에 예쁜 장식용 깃발, 핸드타월, 테이블 러너로 생기를 주었다. 유행이 지난 접시꽂이는 책장 겸용.

정갈한 식당. 다채로운 의자 시트, 나무 의자 사이로 쿠션들을 배치해 딱딱한 분위기를 한결 누그러뜨렸다. 빈티지 천조각을 묶어 늘어뜨린 샹들리에. 덕분에 천장과 식당공간이 시각적으로 이어지면서 홈스펀 스타일 분위기로 바뀌었다.

개방형 다용도 공간. 식탁 아래 러그를 까는 손쉬운 방법으로 공간을 구분했다. 단순한 스트라이프 역시 휑한 공간에서 포인트가 된다. 눈에 띄는 색의 나무 의자, 다채로운 색의 촛대는 잔잔한 흰색 배경에서 한층 돋보인다. 일주일 정도 전에 정원에서 꺾은 만개한 생화에서 천연색을 느낄 수 있다. 제라늄 화분은 공간에 달마다 아름답고 생기 있는 색감을 부여하는 좋은 방법이다.

왼쪽
하이그로스 마감재, 검정색 고무시트로 꾸민 세련된 주방. 가림판 구실을 하는 벽지, 불투명 유리로 된 찬장 문짝에서 독창적인 개성이 주는 재미를 느낄 수 있다. 선명한 색의 그릇은 색감을 한층 풍성하게 한다.

왼쪽과 위
편안한 조리 겸 식사 공간. 묵직한 농가식 가구들이 40년대 독립형 주방 찬장과 좋은 짝을 이룬다. 은은한 터키색 벽은 상쾌하고 생기 있다. 여기에 패턴이 들어간 그릇, 색을 조화시켰고 애매한 벽감을 제대로 활용해 실용적인 3단 선반으로 꾸몄다.

위 오른쪽
복도나 현관에 설치하는 선반은 주방에서도 유용하다. 간단하게 부착할 수 있는 후크만으로 온갖 주방용품을 걸어둘 공간이 만들어졌다.

침실과 욕실

상대적으로 사교적인 가정 내 다른 공간과 달리, 침실과 욕실은 개인적이고 은밀한 공간이다. 이 두 공간은 아이들이 시끌벅적 목욕을 하거나, 출근 전 서둘러 샤워하고 옷을 갈아입는 공간이기도 하지만 조용히 휴식을 취할 때에는 더없이 사적인 공간이다. 홈스펀 스타일은 침실과 욕실 공간의 실용성에 독특하고 개성 있는 스타일을 더한다. 컬러와 패턴, 보기 좋게 개조한 빈티지 가구들을 활용해 아늑하고 독창적이면서도 기발한 공간을 만들어낸다.

침실은 나중에 생각해도 된다. 선뜻 드나드는 사람이 적은데다 주로 하루의 시작과 끝을 위한 공간으로 쓰기 때문이다. 대개 아침에는 옷을 갈아입고 저녁에는 수면을 위한 용도로 침실을 활용한다. 하지만 홈스펀 스타일은 침실도 순식간에 개성 있는 공간으로 바꿔 온종일 머물 수 있게 한다.

지나다니는 사람이 많고 용도가 다양한 주방과 달리, 침실은 휴식과 이완을 위한 공간이다. 수면 전문가들은 숙면을 위해 침실 분위기를 가급적 차분하게 할 것을 권한다. 그러니 TV나 컴퓨터는 두지 말자. 보드랍고 푹신한 침구, 이른 아침 햇살을 막아줄 두터운 커튼이 필요하다. 암막천으로 만든 롤러 블라인드도 효과적이다. 원한다면 블라인드 앞에 예쁜 커튼을 덧달 수도 있다.

왼쪽
침대 헤드 뒤로 보이는 벽에 레트로풍 벽지를 네모난 모양으로 잘라 붙여 침대 주변을 예쁘게 꾸몄다. 패치워크 쿠션도 일관된 느낌을 준다. 헤드 양쪽으로 집게식 조명을 달아 베드 테이블 위의 공간을 절약했다.

위 왼쪽
결혼식에 입었던 멋진 겉옷을 침실에 걸어 특별한 날을 기념했다.

오른쪽
60년대풍 풀빛 침대커버가 침실의 흰색 벽과 멋지게 대조를 이룬다. 침대 헤드 쪽에 레트로풍 자투리천으로 만든 쿠션을 두어 부조화와 개성이 돋보이는 홈스펀 스타일을 완성했다.

침구류나 포인트 벽지 색은 화려한 것으로 하되, 은은한 바닥재와 화이트톤 벽으로 중심을 잡아 공간을 차분하게 하자. 막 잠자리에 들려는 찰나 정신없는 패턴, 엉뚱한 컬러에 신경을 쓰고 싶은 사람은 없을 것이다. 평화로운 분위기를 조성하려면 적절한 수납공간이 필요하다. 부피감 있는 서랍장과 크기가 알맞은 옷장을 매칭해보자. 잘 안 입는 옷, 철 지난 옷은 침대 밑에 둔 수납상자나 옷장 위에 보관할 수 있다. 가진 돈을 탈탈 털 필요는 없다. 플리마켓이나 전시장에서 홈스펀 스타일의 침실로 바꿔줄 빈티지 가구를 찾아보자. 침실이 아닌 다른 공간에 적용한 재활용, 복원 법칙은 변함없이 고수하라. 딱히 손재주가 없어도 낡은 나무 서랍장에 페인트를 칠할 수 있다. 서랍 달린 프랑스풍 장식장을 구할 수 없다면, 저렴한 찬장에 벽지를 발라 꾸밀 수도 있다.

비좁은 다락방에서 아름다운 조각 장식의 나무침대는 단연 돋보인다. 침대에는 흰색을 칠해 방과 조화를 이루게끔 했다. 에스닉, 꽃무늬, 레트로풍 천을 거침없이 활용하고 노란색 전등갓을 골랐다.

어느 침실에서나 침대는 가장 중요한 가구이다. 사실 침대는 정작 누운 다음에는 눈에 보일 일이 없다. 더군다나 잠이 든 다음에는 두말 할 필요 없다! 그러니 평상시 침대가 돋보이게끔 장식해보자. 알록달록한 무릎담요, 겹겹이 쌓을 수 있는 차분한 컬러의 리넨. 아니면 짝을 맞춰야 한다는 고정관념에서 벗어나 컬러와 패턴이 대비되는 시트와 침구류, 베갯잇을 골라보자. 홈스펀 스타일의 매력을 손쉽게 살릴 수 있고, 한결 간편하게 침실을 꾸밀 수 있다. 집에 있는 침구에서 자기가 고른 컬러의 조합을 살펴보자. 그리고 아늑한 침실에 홈스펀 스타일의 요소를 더하자. 패치워크 퀼트, 알록달록한 침대커버, 할머니에게 물려받은 낡은 솜이불, 무엇이든 좋다. 풍성하게 쌓은 쿠션의 중요성은 두 번 강조할 필요도 없다.

침실은 사람이 드나들 일도 없고, 대개 맨발로 다니는 공간이다. 그러므로 입체감이 살아 있는 바닥재를 재치있게 활용해보자. 푹신한 러그, 호사스럽고 부드러운 양가죽은 특히 침실에서 효과적이고 편안한 느낌을 더해준다. 공간 여유가 있다면 안락의자를 두는 것도 좋다. 독서나 바느질을 하고 휴식을 취할 수 있는 침실이라면 낮에도 머물고 싶을 것이다. 침실이 좁다면 창가에 붙박이식 의자를 마련해보자. 공간을 효율적으로 활용할 수 있다. 아니면 튼튼한 수납상자 위에 쿠션이나 두꺼운 담요를 쌓아두면 수납공간 겸 의자로 활용할 수 있다.

베이지색과 터키색의 단순한 배합으로 꾸민 침실. 더할 나위 없이 매력적이다. 공간 아래쪽에서는 침대밑에 둔 파란색 레트로풍 스탠드, 위로는 마찬가지로 파란색의 벽에 건 해변 그림이 시선을 끈다. 방 한가운데에는 근사한 핑크색 쿠션을 두었다.

위 왼쪽

옷걸이에 걸린 옷은 침실 벽과 잘 어울린다. 뿐만 아니라 쉽
게 다른 곳으로 옮기거나 눈에 안 보이게 치울 수 있다. 크로
쉐 커버로 옷걸이를 꾸며 화려한 장식효과를 냈다.

아래 왼쪽

보석류를 그릇에 아무렇게나 담아놓으면 장식적인 효과도 있
고, 찾기도 쉽다.

위 오른쪽

침실에 소파를 들여놓아 잠만 자는 공간이 아닌, 책을 읽거나
휴식을 취할 수 있는 공간으로 변신시켰다. 빈티지 소파의 다
리 부분이 나무로 되어 있어 갑갑한 느낌이 들지 않는다.

아래 오른쪽

정교한 패턴의 컵받침을 벽에 붙이기만 해도 사진이나 그림
같은 장식적 기능을 한다.

벽을 연녹색으로 칠해 은은하고 감미로운 배경을 만들었다. 수수한 파란색 침구, 파란색 천으로 덧씌운 침대의 헤드 부분이 공간을 마무리한다.

강렬하고 깔끔한 선, 전원의 느낌을 기발하게 배합한 침실. 서랍장은 어지간한 물건을 수납해도 될 만큼 넉넉하다. 천장에 나뭇가지를 가로로 걸쳐놓아, 아끼는 옷과 액세서리를 진열할 수 있게 했다. 펜던트등과 거울로 공간을 밝게 하고, 보랏빛 스카프로 색감을 더했다.

홈스펀 스타일은 디스플레이를 권장하지만, 보기 좋은 것만 보이는 곳에 두고 화장품이나 양말, 헤어드라이어는 안 보이는 곳에 치워두자. 그리고 일반적으로 눈에 안 보이는 곳에 두는 물건들에 대해 달리 생각해볼 수 있다. 그런 것도 디스플레이할 수 있지 않을까? 군더더기 없는 후크를 달면 우아한 핸드백, 하늘하늘한 블라우스나 예쁜 스카프를 걸어두고 쓰지 않을 때에도 그 멋을 즐길 수 있다. 목걸이와 팔찌도 같은 방법으로 수납하면 훨씬 실용적이다. 보석류를 찾아 쓰기 편하게 보관하면 훨씬 자주 쓸 수 있다.

홈스펀 스타일은 주방과 마찬가지로 욕실에서도 최신 기술을 고집하지 않는다. 기존의 것들을 없애지 말고 재활용하자. 무난한 흰색 공간도 색을 강렬하게 돋보이게 만들기 좋다. 벽이나 창틀을 산뜻한 색으로 칠하는 것도 손쉽고 경제적인 방법이다. 아니면 내구성이 뛰어난 모자이크나 알록달록한 타일로 싱크대 가림판이나 샤워공간을 꾸미는 것도 좋다.

위
창가에 마련한 붙박이 좌식 공간. 나무를 이용해 간단하게 꾸
민 다음, 머리 부분에 쿠션을 대어 독서나 휴식에 제격인 공
간을 만들었다.

왼쪽
천으로 글귀를 오린 후 꿰매어 만든 인상적인 쿠션.

왼쪽과 위
색색깔의 벽과 쿠션, 침구들이 조화를 이룬
다. 자홍색, 금색, 검정색, 흰색이 과감하게
돋보이는 한편, 벽은 부드러운 색으로 마무
리했다. 침구와 쿠션을 쌓아 호사스러운 분
위기를 연출했다.

아래
볼에 장식용 공들을 보관하면 보기 좋다.

왼쪽
흰색 회반죽 위에 검정색 무지 모자이크 타일을 붙여 꾸민 욕실. 이 방법으로 인상적인 배경을 만들어냈다. 꽃과 양초가 감각적인 느낌을 주는 한편, 거울은 또 다른 개성을 표현한다.

아래 왼쪽
빈티지 타일은 구하기도 쉽고, 어느 욕실이든 개성 넘치는 공간으로 바꿔준다.

아래 오른쪽
종이로 만든 장난감을 창에 걸어 생기발랄한 색감을 더했다.

오른쪽
어떤 재료를 붙여도 무방하다! 소장하고 있던 빈티지 타일을 어느 정도 통일성 있게 붙이니, 인상적이고 흔히 볼 수 없는 미술작품이 탄생했다.

욕실은 분명히 실용적이지만, 요즘에는 그 이상을 원한다. 사람들은 자기만의 피난처 같은 욕실을 원한다. 홈스펀 스타일은 두 가지 욕구를 쉽게 충족시킨다. 방수가 되면서 튼튼한, 실용성과 장식성을 모두 갖춘 다양한 바닥재, 평범한 비닐부터 도자기 타일, 페인트로 도색한 바닥. 선택의 폭은 무궁무진하다. 장식용 타일과 모자이크 디자인과 컬러도 수백 가지가 넘는다. 예산이 빠듯하다면 저렴하고 무난한 흰색 벽에 데코 타일 몇 장으로 포인트를 주는 간단한 방법도 있다. 거울 역시 필수품이다. 전시장에서 흔히 볼 수 있는 거울이 달린 평범한 찬장을 고집하기보다는, 이베이에서 테두리가 화려한 인상적인 거울을 찾아보자.

마지막으로는 디스플레이를 생각해보자. 침실이 그렇듯, 욕실도 가글액부터 면도크림까지, 눈에 거슬리는 필수품을 안 보이게 둘 공간이 필요하다. 밋밋한 욕실용 찬장은 제쳐두고, 빈티지 서랍장이나 오래된 콘솔을 후보선상에 올려보자. 큼직한 수납장을 세면대 받침으로 활용하면 놀라울 정도로 멋진 분위기를 연출할 수 있다. 그리고 눈을 호강시킬 아이템을 선별해 진열해보자. 알록달록한 색의 수건을 차곡차곡 개켜 선반에 두면 욕실이 생동감 넘친다. 예쁜 세면도구 주머니와 솔을 후크에 걸어도 마찬가지.

홈스펀 스타일은 고정관념을 벗어던지는 것이다. 날마다 쓰는 욕실용품도 디스플레이가 가능할까? 비누 조각을 유리용기에 보관하면 보기에도 좋다. 거품입욕제와 액체비누는 따로 준비한 용기와 병에 옮겨 담을 수 있다. 끝으로, 실용보다는 은신처 같은 공간으로 만들기 위해 인테리어를 마무리하자. 예쁜 홀더에 담은 향초나 티라이트, 색감이 풍부하고 부드러운 매트와 러그, 생화로 욕실을 꾸민다. 이제 욕실 문을 잠그자! 휴식 시간이다.

욕실은 다른 방만큼 충분한 수납공간이 필요하다. 빈티지 찬장에는 각종 병과 소품을 보관할 수 있다. 흰색 찬장에는 벽지를 붙여 좀 더 아기자기한 느낌을 강조했다. 독립식 욕조는 고전적인 슬리퍼 모양 욕조를 현대식으로 재해석한 것.

왼쪽

모던한 세면대는 레트로풍 벽지로 꾸민 가림판, 앤틱 거울과 인상적인 조화를 이룬다. 후크를 부착한 와이어 선반을 벽에 고정시켜, 다양한 색깔의 수건과 주머니를 걸었다.

위 왼쪽

중고가구는 어느 홈스펀 스타일에서나 불쑥불쑥 등장한다. 사진 속 욕실에서는 오래된 캐비닛을 세면대로 활용하고 있다. 푸른색 캐비닛은 검고 하얀 바닥과 보기 좋게 대비를 이룬다.

위 오른쪽

바느질 초보라도 귀여운 세면도구 주머니는 금세 만들 수 있다. 레트로풍 천을 활용해 패치워크로 만든 주머니를 찬장 문에 걸어 색감을 강조했다.

어린이방

어린이방만큼 변화와 발전을 꾀하는 공간도 없다. 어린이야말로 가장 변화무쌍한 존재이기 때문이다. 갓난아기 때부터 유아, 거침없는 학생으로 자라는 동안 아이의 욕구와 취향은 끊임없이 변한다. 그러므로 아이 침실도 그에 맞춰 변해야 한다. 변화가 잦은 공간은 클래식한 스타일로 중심을 잡아주면 실패하지 않는다. 컬러, 발랄한 장식품, 페인트로 칠한 가구, 예쁜 쿠션을 공간에 배치해보자. 나이와 상관없이 어린이라면 누구나 좋아할 것이다.

어린이방은 소박할 수도, 화려할 수도 있다. 하지만 선택은 부모의 몫! 갓난아기는 몸을 일으켜 앉는 법, 걷고 말하는 법을 배우느라 바빠서 인테리어 디자인에 관심을 가질 여력이 없다. 유아용 가구는 많이 필요하지 않다. 아기용 침대, 서랍장, 그리고 부모가 앉아 아이를 먹이고 어르고, 동화책을 들려줄 수 있는 편안한 의자면 충분하다. 아이가 잘 수 있도록 편안하고 차분한 분위기를 조성하는 것이 가장 중요하다. 그러므로 눈부심이 덜한 조명, 촉감이 부드러운 표면, 빛을 차단하는 창문 가리개 모두 아이 방에 필수적이다. 이런 기본적인 요소에 홈스펀 스타일의 특징을 더할 수 있다. 다채로운 그림, 귀여운 깃발, 재미난 모빌이나 은은한 빛을 내뿜는 선명한 색깔의 전등갓은 분위기에 생기를 불어넣는 한편, 침대에 누워 있는 아기에게는 관찰대상이 된다.

왼쪽
홈스펀 스타일은 편안함과 아늑함이 제일인 아이 방에도 이상적이다. 동물 모양 쿠션, 겹쳐 쌓아둔 침구 덕에 하루 중 언제든 몸을 웅크리고 편히 쉴 수 있는 침대로 거듭났다. 벽에는 은은한 베이지색을 칠해 과도한 자극을 줄이고, 아이가 평온하게 잘 수 있는 분위기를 조성했다.

위
보드라운 촉감의 장난감은 자투리천과 패턴 천을 손바느질해 만든 것. 여기에 낡은 단추를 달아 기발한 재미를 주는 한편, 독특한 모양을 만들었다.

아래
여아들이 입는 옷은 대체로 색감이 풍부하고 귀엽다. 알록달록한 옷걸이에 아이 옷을 걸고 봉에 걸어, 옷의 패턴, 귀여운 느낌을 멋지게 활용했다. 뒤로 보이는 핑크색 꽃무늬의 빈티지 벽지는 생기발랄한 조합에 힘을 실어준다.

풍부한 색감을 활용한 어린이방. 다양하고 창의적인 벽지 활용이 돋보인다. 콜라주 나무를 직접 만들어 한쪽 벽에 붙이고, 나뭇가지에는 벽지를 발라 만든 새장을 달았다. 큼직한 수납장 내부에도 알록달록한 벽지들을 붙여 패치워크풍을 재현했다. 낡은 찬장은 노란색으로 칠하고, 문짝에는 장미 무늬 빈티지 벽지를 발랐다.

동물 무늬 빈티지 벽지를 잘라 붙인 나무가 아이 방에서 무럭무럭 자라고 있다. 잎사귀, 뜨개와 펠트로 만든 부엉이, 직접 만든 새장도 눈에 띈다. 침대는 1.5층에 두고 핑크색 계단을 설치해, 1층에는 온전히 책상만 둘 수 있게 했다. 아이가 좀 더 크면 공부방이 제일 중요할 것이다. 그런 아이에게 더없이 필요한 공간.

위

침대 프레임에 미니등을 달아 아기자기한 느낌을 주었다. 등에서 흘러나오는 은은한 빛은 야간등으로도 쓰인다. 비싼 데코용 스티커는 잊어버리자. 사진에서는 벽지를 새 모양으로 오려 붙였다.

왼쪽

낡은 옷장을 페인트칠하고 문에 다양한 디자인의 벽지를 붙이면 인상이 바뀐다.

아기가 걸음마를 시작할 단계가 되어 장난감을 갖고 놀기 시작하면 더 많은 수납공간이 필요하다. 아이의 손이 닿을 만한 낮은 수납공간, 보기 좋은 물건을 진열할 수 있는 높은 선반을 함께 배치하면 효율적이다. 바구니나 플라스틱 상자, 나무 수납상자는 자질구레한 물건을 몽땅 쓸어담기에 좋다. 공간이 좁다면 아이의 침대 밑에 둘 수 있는 수납함을 구하거나, 선반에 물건을 쌓아두자. 가구가 늘어도 안전에 대한 경각심은 여전해야 한다. 수납장은 벽과 안전하게 맞닿아 있어야 하고, 실용성보다 장식성을 고려해 물건은 아이 손이 안 닿는 곳에 디스플레이해야 한다.

아이 방에 둘 가구를 찾는다면 공장에서 찍어낸 것에서 벗어나자. 모던 가구를 취급하는 점포에서는 대부분 아이용 가구를 판매하지만, 빈티지 가구의 다양성을 알게 되면 놀랄 것이다. 학교에서 쓸 법한 작은 의자, 상판을 여닫을 수 있는 나무 책상 같은 것도 있다. 대개는 저렴하기까지 하다. 몇 년 안에 아이가 자랄 것을 생각하면 더없이 이상적이다.

아이 방에 맞게 디자인한 빈티지 가구들도 있다. 나무나 철제로 된 침대 프레임을 찾아보자. 여기에 새로 구입한 목재 갈빗살, 매트리스를 갖추면 개성과 편안함이 돋보이는 침대로 변신한다. 아이용 나무 의자와 벤치도 쉽게 구할 수 있다. 여기에 페인트를 덧칠해 간단하게 개조할 수 있다. 생각을 바꿔보자. 다른 공간에서 쓸 법한 가구가 아이 방에 적합할 수도 있다. 키가 낮은 커피테이블은 아이용 책상, 또는 장난감 기차나 레고를 가지고 노는 탁자로 쓸 수 있다. 철제나 나무 소재의 서류 보관함은 장난감과 놀이 도구를 넣어두는 튼튼하고 넉넉한 수납공간으로 활용할 수 있다.

홈스펀 스타일로 아이 방을 꾸몄을 때의 효과도 잊지 말자! 강렬한 색감의 나무 옷장, 또는 중고용품점에서 구한 유행 지난 옷장 앞에 벽지를 발라 개조할 수 있다. 아이 방의 벽, 바닥, 조명은 재미와 실용성을 모두 갖춰야 한다. 아이들은 바닥에서 오랜 시간을 보내므로 바닥재는 고심해야 한다. 부드러운 양탄자나 푹신한 러그라면 아이의 무릎이 다칠 일도 없지만, 장난감 기차 트랙을 깔기에는 무리일 수 있다! 또한 올이 길고 푹신한 양탄자 위에서는 직소 퍼즐이나 레고 조각이 사라지는 일도 있다. 그러니 나무나 비닐 바닥재에 올이 짧고 조직이 촘촘한 러그를 매칭하면 효과적이다. 게다가 러그는 공간에 컬러와 패턴을 더하는 좋은 방법이다. 바닥은 차분한 톤으로 유지해 지나친 욕심을 막고 기본이 되는 배경색에 푹신한 쿠션이나 선명한 바닥용 쿠션, 생기발랄한 천을 더해보자. 이런 공간에서 아이들은 빈둥거리며 책을 읽거나, 부모가 들려주는 이야기에 귀 기울인다.

아이들은 색을 사랑하지만, 지나친 자극을 피하려면 한쪽 벽에만 색을 입히는 것이 이상적이다. 독특한 새와 꽃 그림이 아름다운 공간. 그림 속 핑크색은 침대커버, 쿠션과도 멋지게 어우러진다. 여행 기념품을 진열한 벽감은 일부러 흰색으로 칠해, 세부적인 요소가 묻히지 않게 했다.

위
화려하고 재미난 레트로풍 프린트는 아이 방에 제격. 연녹색 책상 의자는 사이드 테이블로 쓸 수 있다.

오른쪽
빈티지 책상에 선반이 달려 있어 아끼는 물건을 디스플레이할 수 있다. 풍선껌처럼 알록달록한 색으로 칠한
책상은 노란 수납상자, 핑크색 의자와도 잘 어울린다. 흰색 배경과 대담한 조합이 환상적인 조화를 이룬다.

왼쪽
콜라주로 만든 또 다른 나무. 이번에는 레트로풍 말 그림을 같이 배치했다. 커다란 꽃처럼 생긴 전등갓은 자연에서 모티브를 딴 것.

오른쪽
빈티지 옷장 패널 문짝에 벽지를 깔끔하게 붙였더니, 그것만으로 맞춤식 가구가 되었다.

조명은 심사숙고해야 한다. 차분하게 앉아 직소퍼즐을 맞추는 아이, 요란법석을 떨며 베개 싸움을 하는 아이. 침실에서 아이가 하는 활동은 다양하다. 그리고 독서나 숙제, 색칠공부까지, 잠재적으로 눈이 피로해질 수 있는 활동을 하기도 한다. 환한 배경등은 중요하다. 물론 벽에 고정시킨 상향등, 색색깔의 중앙 천장등도 유용하다. 하지만 방향조절이 되는 강렬한 탁상등이나 집게등도 보완해야 한다. 전시장이나 이베이에서 각도 조절이 되는 레트로풍 램프나 기발한 디자인의 펜던트등을 찾아보자. 이런 조명에는 생기와 실용성이 결합되어 있다.

아이들 침실용 조명은 무엇보다 아이가 자주 하는 활동에 적합해야 한다. 뿐만 아니라 수면에 도움이 되어야 한다. 대부분의 아이들은 밤에 불 *끄는* 것을 싫어한다. 활동하는 뇌가 잠잠해지려면 시간이 걸린다. 은은하고 부드러운 빛으로 아이의 수면을 돕자. 스위치로 밝기를 조절하거나, 조도가 낮은 전구로 바꾸는 간단한 방법도 있다. 아니면 장식용 미니등을 달아보자. 야간용으로는 은은한 빛이 적합한데, LED 조명을 선택해야 근사한 분위기를 연출할 수 있다.

아이 방의 벽을 재미나게 꾸미는 것도 중요하지만, 시각적 혼란을 피하려면 조화를 생각하는 것도 좋다. 꽃무늬 벽지는 한두 면에만 붙여야 보기 좋다. 아니면 벽지를 나무, 자동차, 동물 모양으로 오려보자. 패턴 벽지를 붙이는 것보다 대형 지도를 벽에 직접 붙이면 시각적(인 동시에 교육적) 효과를 누릴 수 있다. 이 방법은 남자아이들이 좋아할 만하다.

페인트를 고를 때에는 과감한 색을 고려하자. 아이 방에 흔히 쓰는 귀여운 핑크색이나 하늘색보다는 세련된 느낌을 줄 것이고, 홈스펀 스타일과도 잘 맞아떨어진다. 홈스펀 스타일에서 강조하듯, 컬러 조합은 조화를 이루어야 한다. 은은한 배경색으로 발랄한 패턴과 선명한 컬러를 강조하는 방법은 검증을 거쳤으며 신뢰할 만하다. 이 방법도 아이의 침실에서 효과적이다. 침실 분위기를 차분하게 만드는 연한 파란색, 초록색이 좋다.

왼쪽
미니 사이즈 가구의 세련된 느낌은 아이에게 만족감을 심어준다. 또한 어른들이 큰 식탁에 둘러앉아 밥을 먹을 동안 아이들을 위한 아지트가 되기도 한다. 시장이나 전시회장에 시시때때로 등장하는 중고 아이용 가구는 구하기도 쉽고 저렴하다.

위 왼쪽
대형지도를 벽에 붙여 아이용 책상 앞면을 인상적이고 유익한 배경으로 꾸몄다. 펜과 연필은 낡은 깡통에 가지런히 꽂았다.

위 오른쪽
거실 한구석에 작은 의자와 소박한 벤치를 두어 아이들이 좋아할 만한 공간을 만들었다. 놀이나 그림, 독서 욕구에 불을 당기는 공간이다.

철두철미한 계획으로 기초작업을 끝냈다면 이제 홈스펀 스타일의 마법을 부릴 때다. 아이가 그린 그림을 액자에 끼워보자. 서툴지만 보기에도 좋고, 판화나 포스터보다 돈이 덜 든다. 아이의 옷을 나무못이나 후크에 걸어도 컬러와 패턴을 활용할 수 있다. 장식용 깃발을 만들어 거는 방법도 있다. 홈스펀 스타일에서 흔히 볼 수 있는 장식용 깃발은 바느질이 서툰 초보자라도 저렴한 자투리천을 모아 꿰매어 만들 수 있다. 이제 조금 시간을 들여 아끼는 물건들을 디스플레이할 때다. 보기에는 좋아도 산만해 보이는 것들은 안 보이는 곳에 넣어두자. 페인트로 칠한 의자에 다소곳이 앉힌 테디베어, 선반에 포인트를 주는 낡은 장난감 자동차. 이 모든 것들은 아이의 눈높이에 맞춘 홈스펀 스타일을 만들어낸다.

위
자투리천과 리본으로 만든 모빌을 천장이 아니라 벽에 달아 장식했다.

아래
나무 행거에 예쁜 천 가방을 걸어 아이 방의 색감을 한층 풍부하게 만들었다. 아이 손이 닿을 수 있는 높이에 행거를 달아야 한다는 점을 잊지 말자. 단, 행거에 걸어둔 물건을 가지고 놀아도 된다는 가정 하에서.

중고가구, 또는 고물상에서 구한 가구는 아이 방에 제격이다. 아이가 장난치는 와중에 조금 부서져도 상관없다. 사이드 테이블로 사용하는 서랍장. 파란색 페인트칠이 벗겨져 있는 모양에서 개성을 느낄 수 있다. 마음에 드는 옷을 옷걸이에 걸어두고, 색색깔의 물방울을 벽에 직접 그렸다.

작업 공간

열과 성을 다해 무언가를 만드는 사람에게나, 가끔 장난삼아 꼼지락대는 사람에게나, 창의적인 공간은 든든한 재산이다. 그렇더라도 방 하나를 통째로 취미생활에 할애하는 사람은 드물다. 대개는 집안 귀퉁이에 작업 공간을 마련한다. 하지만 아무리 비좁은 공간이라도 무한한 창의력에 힘을 실어줄 수 있다.

작업실은 어지러워지기 십상이지만, 번잡스러운 분위기는 생산성을 해친다. 필요할 때 실패나 붓을 찾을 수 없다면 그 기세는 금세 한풀 꺾이고 만다. 작업실을 깔끔하게 유지해야 하는 데는 미관상의 이유도 있다. 작업을 마무리할 때쯤 다시 보기 좋은 상태로 정돈해야 한다. 작업 공간이 다른 공간의 일부라면 더더욱 기억해야 할 점이다. 휴식을 취하러 들어온 공간이 돼지우리처럼 지저분한 것을 좋아할 사람은 없다.

작업대에 물건을 늘어놓지 않는 것을 목표로 삼자. 그러려면 작업도구나 천, 종이, 펜을 보관하는 방법을 궁리해야 한다. 이런 물건들은 눈에 거슬리지 않으면서도 쉽게 찾을 수 있게 보관해야 한다. 수납공간이 딸린 작업대를 찾아보자. 플리마켓이나 벼룩시장은 이런 작업대가 넘쳐난다. 양쪽으로 서랍이 달린 낡은 사무용 책상, 속이 얕은 서랍이 딸린 합리적인 식탁. 어떤 것에 눈길이 갈지는 모르는 일이다. 작업 공간에 맞는 탁자를 맞춰야 한다면 나무나 강화유리, 가대 다리를 이용해 직접 만들 수도 있다. 그렇게 만든 탁자 밑에 바퀴 달린 수납장을 두면 필요할 때마다 꺼낼 수 있다.

왼쪽
사진 속 창의적인 공간은 필수적인 요소 몇 가지를 담고 있다. 재료를 보관할 수납공간, 작업대, 다양한 광원이 뿜어내는 빛. 키가 큰 서랍장은 프랑스풍 빈티지 가구이다. 집게등과 기본적인 스탠드는 밝은 빛을 한 방향에 집중시킬 때에 필요하다.

위 왼쪽
예쁜 천 장식들은 깔끔하게 돌돌 말아 개방형 선반에 두었다.

오른쪽
와이어 랙에 못을 달아 실패를 걸면 찾아서 쓰기 편하게끔 벽에 보관할 수 있다.

스크랩, 사진, 잡지와 책에서 오린 종이를 벽에 붙이면 다채롭고 풍부한 영감을 느낄 수 있다. 낡은 사무용 책상은 작업대로 개조했다. 서랍은 유용한 수납공간이 된다. 오렌지색 의자와 노란 쿠션이 서랍의 짙은 나무색을 한층 밝게 한다.

위 왼쪽
오래된 나무상자에 털실을 보관했다. 그보다 작은 단추와 비즈 같은 재료는 고철 깡통과 유리병에 담았다. 중고가구에 주방용 플라스틱 서랍장을 매칭해 실패부터 부속장식까지, 갖가지 물건을 가지런히 보관했다.

위 오른쪽
둘둘 만 벽지를 바구니에 꽂으면 지저분하지 않다.

아래
바퀴 달린 사무용 서류 캐비닛. 여기에 엽서와 그림을 붙여 홈스펀 스타일의 요소를 더했다.

왼쪽
컵케이크 케이스에 보기 좋은 부속장식들을 담아 새롭게 변신했다.

오른쪽
작업대 앞 벽에 독창적인 이미지들을 붙였다. 여기에 또 다른 이미지도 손쉽게 덧붙일 수 있다. 종이로 만든 방울, 리본을 매단 등, 낡은 손수건으로 만든 장식용 깃발이 천장에서 드리워지며 활기찬 분위기를 조성한다.

책장서랍만으로는 장인도 흡족할 만한 수납공간을 마련하기 쉽지 않다. 작업 공간에 책상 외에 다른 가구를 들일 생각이라면 중고가구점을 뒤져보자. 멋진 서랍장, 독립식/벽걸이 선반을 쉽게 찾을 수 있다. 작은 상자, 바구니, 잡지꽂이, 단아한 서류 보관함도 찾을 수 있다. 업소용 중고가구도 지나치지 말자. 양말이나 장갑을 보관하던 백화점용 진열장은 서랍이나 칸막이가 넉넉하다. 이런 진열장이야말로 자신이 찾던, 작업 공간에 꼭 필요한 가구일 수 있다.

온종일 취미생활에 매달릴 생각이 아니라면 본격적인 사무용 의자는 없어도 된다. 소박한 나무 의자를 찾되, 미리 점찍어둔 작업대 높이와 잘 맞는지 확인하자. 책상과 의자 사이에 다리가 꼭 끼는 것을 원치 않는다면 말이다. 앞서 말했지만 나무의자에 사포질을 하고 페인트를 칠하면 손쉬운 방법으로 색감을 더할 수 있고, 생기발랄한 색이나 패턴이 들어간 쿠션을 배치하는 방법도 있다. 홈스펀 스타일은 완벽한 조화를 이루는 세트와는 거리가 멀다. 이를테면 화려한 컬러의 의자는 지나치게 무거운 느낌을 주는 어두운 색의 나무 책상과 좋은 짝이 될 수 있다.

작업대와 접한 벽에는 많은 작업도구를 둬야 할 것이므로, 수납방법을 신중하게 생각하자. 분명한 것은 선반은 꼭 필요하다는 점이다. 여기에 수납용기나 소박한 깡통을 두어 연필과 붓, 가위, 기타 도구를 꽂아둘 수 있다. 후크도 매우 실용적이다. 자잘한 도구나 재료를 담은 주머니를 후크에 걸거나, 가위나 스테이플러처럼 작은 도구에 끈으로 고리를 만들어 후크에 걸면 말끔하게 정리할 수 있다.

실용적인 아이템을 색다르게 디스플레이한다는 생각은 홈스펀 스타일에서 고전이나 다름없다. 특히 이 방법은 작업 공간에서 효과적이다. 바느질에 열중하는 사람이라면 개방형 선반에 천을 쌓아 항상 보이는 곳에 두자. 장식효과도 내고 찾아 쓰기도 쉽다. 모아둔 벽지가 많다면 낡은 철사 바구니나 화려한 통을 책상 옆에 비치해두고 둘둘 말아 꽂아서 보관하자. 선반 위에 두었다가는 굴러떨어지기 십상이라 이쪽이 더 낫다. 선반 아래로 빨랫줄처럼 철사를 연결해두면 여러 개의 실패를 꿰어 보관하고 쉽게 찾아 쓸 수 있다. 붓과 연필을 깔끔하게 담아둘 수 있는 오래된 통과 캐니스터도 구비하자. 벽걸이 선반 아래에는 못을 박아 음식 저장용기의 뚜껑을 걸어두고, 그런 다음 저장용기에 비즈나 단추를 담아놓으면 필요할 때마다 용기의 뚜껑을 열지 않아도 된다.

수수한 가대 책상은 그 아래 수납상자와 바구니를 둘 수 있기에 이상적인 작업대라 할 만하다. 창을 통해 들어오는 자연광은 매일같이 작업대를 환하게 비춘다. 밤에는 각도 조절이 되는 스탠드로 빛의 방향을 조절할 수 있다. 오렌지색 의자, 핑크색 전등갓은 독창적인 느낌을 준다.

조명은 작업 공간에 필수적이다. 바느질이나 스케치 같은 정밀작업은 적당한 조도가 없으면 불가능하다. 가능하다면 작업대를 창가 근처에 두고, 낮에는 자연광을 활용하자. 찌무룩한 날이나 어둑어둑한 저녁에 작업하려면 인공조명이 필요하다. 이를테면 천장 한가운데 설치하는 펜던트등 같은, 기본적인 천장 조명은 풍성한 배경 조명이 필요한 작업실에서만 유용하다. 머리 위로 드리운 조명은 작업대에 어두운 그림자를 만들기 때문이다.

책상이나 벽걸이 선반에 둘 수 있는 작업등을 골라보자. 철제 프레임으로 되어 있고 갓이 달린, 독창적인 중고 스탠드는 시장이나 이베이에서 쉽게 구할 수 있다. 중고로 구입한 스탠드에 불이 안 들어온다면 적은 돈으로 쉽게 전선을 교체할 수 있다. 방향 조절이 가능하고 받침대가 있는 스탠드는 창의적인 작업에 이상적이다. 융통적이고 원하는 곳을 집중적으로 비출 수 있기 때문이다. 선반이나 작업대 옆에 고정시킬 수 있는 저렴한 집게등도 살펴보자. 융통적인 집게등은 간편하게 떼어내어 옮길 수 있어, 원하는 장소와 시간대에 환한 빛을 비출 수 있다.

작업 공간은 하나의 광원으로는 부족하다는 점을 염두에 두자. 집게등, 각도 조절이 가능한 스탠드, 여러 방향에서 비출 수 있는 기본적인 독립식 스탠드를 고루 구비하는 것이 최선책이다.

위
www.arendal-ceramics.com. 소속 도예가가 아름다운 작품을 만들어내는 공간. 천장 높이 선반에 성형 전 도기를 보관했다.

오른쪽
보석을 세공하는 창의적인 공간. 섬세한 비즈와 자잘한 연결고리는 깡통, 유리병을 이용해 깔끔하게 보관한다. 천으로만 씌운 메모판은 목걸이를 보관하기에 더없이 훌륭하다. 소박한 나무상자에는 리본과 장식을 두면 좋다. 장식성이 뛰어난 보관함이나 병, 바구니는 시장에서 쉽게 찾을 수 있다.

왼쪽

주방에서도 쓸 수 있는 독창적인 낡은 찬장. 창의
적 공간에 필요한 수납공간이 넉넉하다. 찬장 꼭대
기에는 식재료를 넣은 통을 두었다. 선반과 찬장
아래에는 천을 담은 상자, 가지런히 세워둔 커버를
씌운 노트, 핸드메이드 지갑이 보인다.

단순하지만 매우 실용적인 디자인의 이 실패꽂이
는 와이어로 만든 것. 벽에 붙인 종이 나비들은 알
록달록한 실과 조화를 이룬다.

야외 공간

좁은 테라스, 아담한 마당, 들쑥날쑥한 전원풍의 마당. 야외 공간은 어느 집에서나 소중한, 집의 또 다른 공간이다. 놀이, 독서, 식사, 휴식을 취할 수 있는 야외 공간은 개별적이고 규정된 영역을 넘어선 집의 연장선상. 그러므로 또 하나의 방이라고 할 수 있다. 정원을 두고 장식, 컬러 조합을 고심해보거나, 홈스펀 스타일로 꾸민 실내공간의 가구 중 일부를 야외 공간에서 활용하는 방법을 생각해보자. 날씨와 관계없이 사시사철 개성이 돋보이는 정원을 만끽할 수 있다.

위
정원에 무성하게 핀 장미를 따서 예쁜 그릇과 함께 장식했다. 접이식 탁자와 의자는 쓰지 않는 계절에는 납작하게 접어 보관할 수 있으므로 더없이 이상적.

왼쪽
테라스 공간에 전통적인 식탁 의자를 배치했다. 방석 부분에 실용적이고 방수 기능이 있는 유포를 덧대고 화려한 쿠션을 배치해 다소 간소한 의자에 멋을 더했다.

원예에 영 소질이 없는 사람이 들으면 기뻐할 소식. 홈스펀 스타일로 야외 공간을 꾸미려 할 때 기발하고 다채로운 분위기를 연출하기 위해 굳이 식물의 힘을 빌릴 필요는 없다. 손질이 필요한 식물보다, 공간 내 가구가 더 큰 효과를 발휘할 수 있게 멋진 야외 공간을 조성해보자. 도심 속 정원이든 손바닥만 한 텃밭이든, 공간은 중요하지 않다. 배경을 무난하게 꾸미자. 그래야 중고가구점에서 찾은 재미난 가구나 생기발랄한 램프처럼 생뚱맞은 요소도 소화할 수 있다. 나무에 반짝이 공을 매달아보면 어떨까?

야외 공간의 기본부터 시작해보자. 주변을 둘러보았는가? 나무, 아니면 연못이나 헛간 같은 건축학적 디테일 중 작업이 필요한 곳이 있는가? 해가 잘 드는 곳은 어디인가? 이런 질문의 대답은 탁자나 의자, 그 외의 앉을 자리를 정할 때 도움이 된다. 해가 쨍쨍한 정원이라면 목수에게 소박한 정자를 만들어달라고 하자. 정자 주변으로 넝쿨식물을 키우면 싱그러운 녹음이 생긴다. 아니면 튼튼하고 화려한 캔버스 천으로 천막을 쳐보자.

널찍한 온실을 이처럼 싱그럽고 아름다운 정원 한가운데에 있는, 화사한 야외 공간으로 개조했다. 색색깔의 러그, 중고가구, 아늑한 홈메이드 쿠션들. 야외라고 해도 실내공간을 꾸밀 때와 별반 다를 것이 없다.

좁은 마당이라면 한쪽 담에 큰 거울을 걸어 공간을 넓게 할 수 있다. 거울에는 주변부의 빛을 반사해 재미있는 상을 빚어내는 효과도 있다. 식물의 초록색은 거울 덕분에 배가되어 보인다. 연속적인 색감을 위해 벽돌이나 목재에 발랄한 색의 페인트를 칠하자.

대개 야외 공간이라고 하면 특정한 스타일과 재질의 가구를 떠올린다. 많은 경우 라탄 소파, 카페 스타일 의자들은 테라스의 핵심 요소이다. 하지만 홈스펀 스타일은 효율적인 야외용 가구를 생각할 때 전통적인 틀에서 벗어나 유연하게 생각할 것을 권한다. 낡은 농가용 의자, 철제 스툴에 홈스펀 스타일을 더하면 멋지게 거듭난다. 나무 가구에 새틴, 또는 계란광(eggshell: 주로 벽이나 나무에 많이 쓰는 페인트로, 쉽게 닦이는 특징이 있다. 광택 정도가 고광과 저광 중간 정도에 해당) 외부용 페인트를 칠하고, 시트에는 화려한 천을 씌워보자. 개조 작업이 여의치 않다면 플리마켓에서 낡고 오래된 야외용 의자를 골라보자. 이런 곳에서 저렴하게 구입한 가구는 비에 젖어도 마음이 한결 편하다.

고른 가구가 적당한지 알아보려면 대개 수납공간을 살펴보면 된다. 계절에 안 맞는 물건들은 어디에 한꺼번에 보관할 것인가? 겨울의 한파, 비에는 티크 같은 견목재도 당할 재간이 없다. 그러므로 충분한 수납공간은 중요하다. 장소를 적게 차지하는 접이식 의자와 탁자, 아니면 탑처럼 깔끔하게 쌓아 보관할 수 있는 등받이 의자들을 찾아보자.

공간이 비좁다면 헛간에 투자하거나, 안 쓰는 구석에 아담한 수납장을 마련해보자. 이런 수납장은 선명한 색으로 칠하면 야외 공간이 한층 발랄해진다. 붙박이 좌식공간이 있다면 그 밑에도 수납공간을 마련하고, 실내나 실외 어느 쪽에도 수납공간이 없다면, 야외용 가구에 대한 미련은 접어두고 기존 가구를 활용하자. 맑은 날에는 야외로, 밤이 되면 실내로 들여놓으면 된다.

담벼락 대신 세운 울타리에 거울을 걸어두니, 비좁던 야외 공간이 훨씬 넓어 보인다.
거울의 테두리를 생기발랄한 핑크색으로 칠해 색감을 더하고, 식탁보와 조화를 이루게 했다.

천은 모든 홈스펀 스타일 공간에서 중요한 요소이다. 화려한 쿠션은 밋밋한 붙박이 벤치를 사랑스럽게 바꾸며, 선명한 색상의 식탁보는 강렬한 햇빛과 거친 비바람이 남기고 간 흔적을 가려준다. 실용적인 러그와 매트는 견고한 바닥재의 딱딱한 느낌을 누그러뜨리고 색감을 더해준다. 뿐만 아니라 공간을 구분할 때에도 유용하다. 러그, 낮은 탁자, 편안한 의자라는 단순한 배합만으로도 휴식 공간을 분명히 구분할 수 있다. 그리고 다소 휑할 수 있는 야외 공간에 포인트를 준다.

깡통 바닥에 구멍을 뚫으면 멋진 화분이 될 수 있다. 초록식물보다 가구로 색감을 살린 테라스.

근사하고 소박한 나무 가구들을 모아보자. 사진처럼 야외 공간을 홈스펀 스타일이 가미된 편안한 공간으로 바꿔준다. 방석과 쿠션, 낡은 퀼트조차 의자의 편안함과 매력을 더해주고 있어 나른한 오후에 제격이다. 대형 파라솔은 덥고 해가 따가운 날 절실한 그늘을 만든다. 갓 꺾은 꽃은 날이 저물면 실내로 옮길 수 있다.

장식성이 뛰어난 아이템은 실내 공간과 마찬가지로 야외 공간에서도 홈스펀 스타일에 일조한다. 벽이나 격자 구조물에 접시를 걸어도 좋다. 갓 꺾은 생화를 유리병에 아무렇게나 꽂아 탁자를 장식하거나, 나뭇가지에 체리무늬 장식용 깃발을 걸어보자. 좋아하는 아이템을 색다르게 디스플레이할 방법도 고민해보자. 점토 화분도 좋지만 홈스펀 스타일에 가까운 아이템을 활용해보면 어떨까? 낡은 통조림통, 철제 양동이, 도자기 컵 모두 화분받침으로 쓸 수 있다. 그러니 플리마켓에 가면 이런 것들을 몇 개 구해오자. 물이 빠질 수 있게끔 밑바닥에 구멍을 뚫을 수 있다면 더더욱 좋다.

해가 저문 다음에도 야외 공간을 만끽하고 싶다면, 무드등을 쓰면 된다. 알전구를 줄에 느슨하게 꿰어 나무에 달면 축제처럼 들뜬 분위기를 연출할 수 있다. 촛불은 효과적이고 낭만적이다. 촛불이 꺼지지 않게 하려면 쓰던 유리병이나 호롱등에 촛불을 넣어 매달아보자. 방풍이 되는 랜턴에 기둥 모양 초를 넣어 불을 밝힐 수도 있다. 아니면 땅에 꽂을 수 있는 기다란 야외용 초를 구입하자. 이런 초에는 대부분 시트로넬라 성분이 들어 있는데 레몬처럼 시큼한 시트로넬라 향은 모기를 쫓는 효과가 있어, 야외에서도 평화롭게 식사를 즐길 수 있다.

자갈밭인 야외 공간에 멋진 철제 의자와 탁자를 두고 그 위에 자주색, 핑크색 꽃무늬 천을 깔면 홈스펀 스타일이 연출된다. 밤이 되면 나무에 달아놓은 유색 전구가 축제처럼 들뜬 분위기를 조성한다.

왼쪽
일광욕장 바닥에 깔린 판석, 나무 대들보는 편안하고 목가적인 느낌을 준다. 빛이 많이 드는 공간에서 화분식물
은 무럭무럭 자란다. 무난한 나무 가구는 아름다운 천과 쿠션으로 완전히 덮었다.

위
아담한 오두막은 아이나 어른 모두에게 아늑한 은신처가 될 수 있다. 사진 속 오두막은 흰색 벽, 다양한 색깔의
천, 꽃이 만개한 화분식물로만 꾸몄다.

참고 사이트

Selina Lake
Stylist & Interior Author
+44 (0)7971 447785
www.selinalake.co.uk
www.selinalake.blogspot.com

UK & EUROPE
Abigail Brown
www.abigail-brown.co.uk
주로 천으로 작업하는 디자이너/제작자 겸 일러
스트레이터. 천으로 귀여운 작은 새를 만들기도
한다.

All The Luck In The World
www.altheluckintheworld.nl
Jane Schouten의 핸드메이드, 빈티지, 재활용 가
정용품을 판매하는 사이트.

Bold & Noble
www.boldandnoble.com
'LOVE' 'Made Do & Mend' 등, 멋진 영국제 스
크린 프린트를 판매한다.

Cable&Cotton
www.cableandcotton.co.uk
고객이 고른 색으로 줄조명을 디자인해주는 곳.

Drink Shop Do.
9 Caledonian Road
London N1 9DX

www.drinkshopdo.com
디자인용품점 겸 카페. 빈티지 가구는 물론, 신진
디자이너의 작품도 구입할 수 있다. 점심, 차, 칵테
일 판매. 공예 관련 행사, 워크샵도 활발하게 열린
다.

Fancy Moon
www.fancymoon.co.uk
기발한 패턴이나 빈티지 패턴이 들어간 아름다운
천을 취급한다.

Folly & Glee
www.follyandglee.co.uk
예쁜 중고, 홈메이드 아이템을 취급한다. 크로쉐
옷걸이, 전등갓, 계절 장식품, Baker사 색실 등을
갖추고 있다.

HobbyCraft
www.hobbycraft.co.uk
영국 전역에서 영업중인 대형 공예품 마트. 가까
운 점포에 대한 상세한 정보는 해당 웹사이트에서
찾아보자.

Liberty
Regent Street
London W1B 5AH
www.liberty.co.uk
+44 (0)20 7734 1234
런던에서 가장 오래된 백화점. 독창적이고 광범위
한 디자인을 취급하며, 바느질 관련 도구를 풍부
하게 갖추고 있다.

The Loft
Tea by the Sea
Loft A
Woodrolfe Road Tollesbury
Maldon
Essex CM9 8SE
www.t-bythesea.blogspot.com
빈티지풍 찻집. 한 번 가볼 만하다.

Lulu & Nat
www.luluandnat.com
다채로운 인도풍 수공예 패브릭 제품. 주로 침구
류와 러그를 취급한다.

Petra Boase
www.petraboase.com
머그, 패브릭 프린트, 노트, 아동복 같은 제품을
다양하게 판매한다.

Pip Studio
www.pipstudio.com/en
생동감 있는 네덜란드 디자인. 침구류와 천, 벽지,
포슬린 아트 제품, 문구류가 있다.

Rice
www.rice.dk
화려한 색상의 멜리만 소재 주방용품, 자수 방석,
직물 매트.

Rie Elise Larsen
www.rieeliselarsen.dk
덴마크 브랜드. 종이로 만든 아름다운 전등갓, 알

록달록한 후크, 포슬린 아트로 만든 등, 보기만 해
도 황홀한 천을 주로 취급한다.

Toast
www.toast.co.uk
모던한 컨트리풍이 가미된 멋진 가정용품.

Ts & Ts
www.tse-tse.com
색색깔의 등, 가구, 액세서리를 제작하는 프랑스
디자이너들.

The Yvestown Shop
www.yvestown.com/shop
핸드메이드 크로쉐 스카프, 쿠션 커버, 털실.

USA
Amy Butler
www.amybutlerdesign.com
깔끔한 프린트 패브릭, 세련된 친환경 침구류, 가
정용품과 벽지.

Anthropologie
www.anthropologie.com
세계 곳곳에서 들여온 독특한 자기, 유기잔을 취
급한다. 스코틀랜드와 미국에서 영업 중이며, 런
던에도 두 군데의 점포가 있다.

Grand Revival Design
www.grandrevivaldesign.com
빈티지에 영감을 받은 멋진 천들. 디자이너는 Tanya
Whelan.

Grandiflora Home & Garden
719 Grover St,
Lynden WA 98264
+1 360 318 8854
www.grandiflorahome.com
빈티지풍 아이템, 빈티지에서 모티브를 딴 가정용
품과 정원용품을 판매하는 아기자기한 가게.

Heartfish Press
www.heartfishpress.com
뉴욕에 본사를 둔 디자인, 활판인쇄 작업실. 과감
하고 다채로운 프린트, 포스터, 축하카드를 제작
한다.

참고 블로그

Nest Pretty Things
www.nestprettythings.com
파스텔톤 핸드메이드 보석류, 헤어 액세서리.

Rifle Paper Co.
www.riflepaperco.com
플로리다에 있는 디자인 작업실. 직접 그린 그림, 엉뚱하고 멋스러운 문구류, 프린트를 취급한다.

Shanna Murray
www.shannamurray.com
사랑스러운 꽃무늬 디자인용품, 칠판을 제작하는 미술가 겸 일러스트레이터.

Urban Outfitters
www.urbanoutfitters.com
색다른 가정용품, 가구를 취급. 미국, 유럽 전역에 점포가 있다.

ONLINE
All Thing Original
www.allthingsoriginal.com
기반이 탄탄한 신진 디자이너의 작품을 판매한다. 인기 있는 패브릭 디자이너는 Cassia Beck, Heart Zeena, Clare Nicolson, Showpony.

DaWanda
www.dawanda.com
독특하고 창의적인 아이템을 사고팔려는 이들을 위한 온라인 쇼핑몰. 인기 있는 패브릭 디자인 용품은 Jasna의 노트북 패브릭 커버, Enna의 원목 문구류.

Epla
www.epla.no
핸드메이드 아이템을 거래하는 사람들이 이용하는 노르웨이 온라인 쇼핑몰. Fjelborg의 패치워크 쿠션, Vivoli Interior의 다채로운 가구들이 거래된다.

Esty
www.esty.com
홈메이드, 빈티지 아이템을 판매하는 중소기업과 공예가를 위한 온라인 쇼핑몰. 인기 있는 패브릭 스타일 용품은 Rosehip의 매력적인 크로쉐 장식 베갯잇, Inspire Lovely의 리본과 부속장식. Dottie Angel의 손바느질로 만든 장식품, Ollie Bollen의 Vintage Fabric 제품과 리본, Ninainvoem의 그릇이 있다.

Folksy
www.folksy.com
영국 웹사이트로 손재주 있는 공예가와 그들이 만든 작품을 전시하는 일종의 쇼케이스 같은 곳. 핸드메이드 제품과 수공예품을 사고 판다.

Pinterest
www.pintrest.com
가상의 메모판으로, 서핑 중 발견한 예쁜 아이템을 정리하고 공유할 수 있는 사이트. 새로운 아이템을 찾는 다른 사람이 자신의 메모판을 검색할 수도 있고, 역으로 관심사가 같은 사람의 메모판에서 아이디어를 얻을 수도 있다.
pinterest.com/selinalake

Poppytalk Handmade
www.poppytalkhandmade.com
매달 발행되는 무가지. 핸드메이드 디자인용품을 팔거나, 세계 곳곳의 디자이너들이 제작한 물건을 구입할 수 있다.

UGUiSU
http://uguisu.ocnk.net
일본 웹사이트. 일본에서 만든 지류와 문구류, Washi 테이프, 아트지, 종이, 귀여운 고무도장을 판매한다.

사진 출처

먼지The Glasgow home of textile designer Fiona Douglas of bluebellgray/2쪽The Paris home of the designer Myriam de Loor, owner ot Petit Pan/4쪽The Home of 'créatrice' and designer Stine Weirsøe Holm in Malmö/5쪽The Paris home of the designer Myriam de Loor, owner of Petit Pan/6쪽The home of 'créatrice' and designer Stine Weirsøe Holm in Malmö/7쪽The London home of stylist Seline Lake selinalake.blogspot.com)/8-9쪽The home of Inger Lill Skagen in Norway/10쪽The London home of stylist Selina Lake (selinalake.blogspot.com)/11쪽The family home of Shella Anderson, Tollesbury, UK/12쪽The London home of stylist Selina Lake (selinalake.blogspot.com)/13쪽(왼,오)www.flickr.com/photos/jasnajanekovic/13쪽(가) The home of Vidar and Ingrid Aune Westrum/14쪽(위),15쪽 The home of Lea Nortved Pedersen, owner of Butik Nø, in Copenhagen/14쪽(아)The Glasgow home of textile designer Fiona Douglas of bluebellgray/16쪽(위)The home of Inger Lill Skagen in Norway/17쪽he home of Vidar and Ingrid Aune Westrum/18쪽 Lykkeoglykkeliten.blogspot.com/17쪽(아)www.flickr.com/photos/jasnajanekovic/20쪽The home of Fifi Mandirac in Paris/23쪽(오) The home of Jeanette Lunde/22쪽The home of Vidar and Ingrid Aune Westrum/23쪽The family home of Shella Anderson, Tollesbury/24쪽The London home of stylist Seline Lake (selinalake.blogspot.com)/ 25-26쪽The Glasgow home of textile designer Fiona Douglas of bluebellgray/27쪽 The Paris home of the designer Myriam de Loor, owner ot Petit Pan/27쪽(가)The home of Fifi Mandirac in Paris/27(오) The home of Inger Lill Skagen in Norway/29쪽 The Glasgow home of textile designer Fiona Douglas of bluebellgray/33쪽 Arendal Keramik www.arendal-cramics.com/31쪽The home of Fifi Mandirac in Paris/37쪽\The home of Inger Lill Skagen in Norway/38쪽The family home of Lea Bawnager, Vayu Robins and Elliot Bawnager-Robins, owner of affär/39쪽(왼) Lykkeoglykkeliten.blogspot.com/39쪽(오)The home of Lea Nortved Pedersen, owner of Butik Nø, in Copenhagen/40쪽The Paris home of the designer Myriam de Loor, owner ot Petit Pan/43쪽 Lykkeoglykkeliten.blogspot.com/44쪽The London home of stylist Seline Lake (selinalake.blogspot.com)/45쪽The family home of Shella Anderson, Tollesbury, UK/46-47쪽The home of Vidar and Ingrid Aune Westrum/47쪽(가)www.flickr.com/photos/jasnajanekovic/49쪽(오)The Home of 'créatrice' and designer Stine Weirsøe Holm in Malmö/48-49쪽The home of Jeanette Lunde/49,51쪽The home of Vidar and Ingrid Aune Westrum/50쪽The family home of Shella Anderson, Tollesbury, UK/52-53쪽 The home of Vidar and Ingrid Aune Westrum/ 53쪽(아)The home of Vidar and Ingrid Aune Westrum/54-55쪽The Glasgow home of textile designer Fiona Douglas of bluebellgray/56쪽The London home of stylist Seline Lake (selinalake.blogspot.com)/57쪽www.flickr.com/photos/jasnajanekovic/58쪽 The Glasgow home of textile designer Fiona Douglas of bluebellgray/59쪽The Paris home of the designer Myriam de Loor, owner ot Petit Pan/59쪽(가)The home of designer Niki Jones in Glasgow's West End/59쪽(오)The home of Vidar and Ingrid Aune Westrum/60-61쪽The home of Inger Lill Skagen in Norway/62쪽The home of Vidar and Ingrid Aune Westrum/65쪽The home of Vidar and Ingrid Aune Westrum; 65(오)Lykkeoglykkeliten.blogspot.com/66-67쪽The home of designer Niki Jones in Glasgow's West End/70쪽The London home of stylist Seline Lake (selinalake.blogspot.com)/71쪽The home of Fifi Mandirac in Paris/72쪽The home of Jeanette Lunde/73쪽(왼)The family home of Lea Bawnager, Vayu Robins and Elliot Bawnager-Robins, owner of affär/73쪽(가)The home of Fifi Mandirac in Paris/78쪽 (오)Lykkeoglykkeliten.blogspot.com/75쪽Lykkeoglykkeliten.blogspot.com/77쪽Arendal Keramik www.arendal-cramics.com/78쪽(위,왼)The home of Inger Lill Skagen in Norway/78쪽(위,가)The Glasgow home of textile designer Fiona Douglas of bluebellgray/57쪽(위, 오)The home of Vidar and Ingrid Aune Westrum/78쪽(아,왼) The home of Lea Nortved Pedersen, owner of Butik Nø, in Copenhagen/78쪽(아) Lykkeoglykkeliten.blogspot.com/78쪽(아,오)The Home of 'créatrice' and designer Stine Weirsøe Holm in Malmö/80쪽(왼)The home of Vidar and Ingrid Aune Westrum/ 80-81쪽The Paris home of the designer Myriam de Loor, owner ot Petit Pan/82쪽 The London home of stylist Seline Lake (selinalake.blogspot.com)/83쪽The home of Jeanette Lunde/84-85쪽(위, 가)The Glasgow home of textile designer Fiona Douglas of bluebellgray/85쪽(위,왼) Arendal Keramik www.arendal-cramics.com/87쪽The home of Fifi Mandirac in Paris/87쪽(오)The home of Lea Nortved Pedersen, owner of Butik Nø, in Copenhagen/89쪽Lykkeoglykkeliten.blogspot.com/89쪽The family home of Shella Anderson, Tollesbury, UK/92쪽The home of Lea Nortved Pedersen, owner of Butik Nø, in Copenhagen/93쪽 Arendal Keramik www.arendal-cramics.com/96쪽 위 www.flickr.com/photos/jasnajanekovic/94쪽 The home of Vidar and Ingrid Aune Westrum/98-99쪽The home of Vidar and Ingrid Aune Westrum/101쪽 Lykkeoglykkeliten.blogspot.com/100쪽The home of Fifi Mandirac in Paris/100,103쪽The Glasgow home of textile designer Fiona Douglas of bluebellgray/104-105쪽The home of Jeanette Lunde/100,106쪽Designer Lisa Stickley/110쪽The family home of Lea Bawanger, Vayu Robins and Elliot Bawnager-Robins, owner of affär/112-113쪽 Arendal Keramik www.arendal-cramics.com/114-117쪽The home of Inger Lill Skagen in Norway/118-119쪽The home of Lea Nortved Pedersen, owner of Butik Nø, in Copenhagen/121쪽The Paris home of the designer Myriam de Loor, owner ot Petit Pan/123쪽Arendal Keramik www.arendal-cramics.com/122쪽 www.flickr.com/photos/jasnajanekovic/125쪽The home of Vidar and Ingrid Aune Westrum/122쪽The Paris home of the designer Myriam de Loor, owner ot Petit Pan/127쪽The Paris home of the designer Myriam de Loor, owner ot Petit Pan/ 129쪽 The Home of 'créatrice' and designer Stine Weirsøe Holm in Malmö/130쪽 Arendal Keramik www.arendal-cramics.com/130쪽The home of Lea Nortved edersen, owner of Butik Nø, in Copenhagen130쪽(아,왼)The home of Lea Nortved Pedersen, owner of Butik Nø, in Copenhagen/130쪽(아,오)The home of Vidar and Ingrid Aune Westrum/131쪽The home of Lea Nortved Pedersen, owner of Butik Nø, in Copenhagen/132,134쪽The family home of Shella Anderson, Tollesbury, UK/133쪽 The home of Inger Lill Skagen in Norway/134쪽Arendal Keramik www.arendal-cramics.com/139쪽www.flickr.com/photos/jasnajanekovic/140-141쪽The family home of Lea Bawanger, Vayu Robins and Elliot Bawnager-Robins, owner of affär/143-145쪽The home of Jeanette Lunde/146-147쪽The Home of 'créatrice' and designer Stine Weirsøe Holm in Malmö/148-149쪽 The home of Inger Lill Skagen in Norway/148쪽The home of Vidar and Ingrid Aune Westrum/152쪽Designer Lisa Stickley/151쪽Lykkeoglykkeliten.blogspot.com/155쪽 The Glasgow home of textile designer Fiona Douglas of bluebellgray/155(오)The home of Inger Lill Skagen in Norway/154쪽The home of Inger Lill Skagen in Norway/156쪽The family home of Shella Anderson, Tollesbury, UK/159쪽Designer Lisa Stickley/160-161쪽The home of Jeanette Lunde/162-163쪽 The home of Vidar and Ingrid Aune Westrum/165쪽(오, 아래)The home of Fifi Mandirac in Paris/166-167쪽The home of designer Niki Jones in Glasgow's West End/168(위)The home of designer Niki Jones in Glasgow's West End/168(오,아래)The home of Lea Nortved Pedersen, owner of Butik Nø, in Copenhagen/Arendal Keramik www.arendal-cramics.com/169,171쪽The family home f Shella Anderson, Tollesbury, UK/173쪽(오)The home of Vidar and Ingrid Aune Westrum/172쪽The family home of Shella Anderson, Tollesbury, UK/173쪽(위)Lykkeoglykkeliten.blogspot.com/173쪽(오)The home of designer Niki Jones in Glasgow's West End/175쪽(아)The Home of 'créatrice' and designer Stine Weirsøe Holm in Malmö/175쪽(위)The family home of Shella Anderson, Tollesbury, UK/176-181쪽The family home of Shella Anderson, Tollesbury, UK/183,185쪽Lykkeoglykkeliten.blogspot.com/186쪽The Home of 'créatrice' and designer Stine Weirsøe Holm in Malmö/184쪽The home of Jeanette Lunde/189쪽 The home of Fifi Mandirac in Paris/190쪽The home of Jeanette Lunde/192쪽The home of Fifi Mandirac in Paris/193쪽The family home of Lea Bawnager, Vayu Robins and Elliot Bawnager-Robins,ownerof affär/194-195쪽 www.flickr.com/photos/jasnajanekovic/197쪽(위)The Paris home of the designer Myriam de Loor, owner ot Petit Pan/197쪽(오)www.flickr.com/photos/jasnajanekovic/196쪽The Paris home of the designer Myriam de Loor, owner ot Petit Pan/198-199쪽Lykkeoglykkeliten.blogspot.com/190쪽The London home of stylist Seline Lake(selinalake.blogspot.com)/200쪽The home of Jeanette Lunde/191쪽The Home of 'créatrice' and designer Stine Weirsøe Holm in Malmö/204쪽Arendal Keramik www.arendal-cramics.com/205-207쪽Arendal Keramik www.arendal-cramics.com/208쪽The family home of Shella Anderson, Tollesbury, UK/209-211쪽Arendal Keramik www.arendal-cramics.com/213-215쪽The family home of Shella Anderson, Tollesbury, UK/216-217쪽Arendal Keramik www.arendal-cramics.com/219쪽The home of Fifi Mandirac in Paris/218쪽The home of Inger Lill Skagen in Norway

비즈니스 저작권

Shella Anderson
The Lofr - Tea by the Sea
www.t-bythesea.blogspot.com
11, 22쪽 위 오른쪽, 45쪽, 52쪽, 57, 90쪽, 127쪽,
132쪽, 134쪽, 156쪽, 169-171쪽, 1172쪽, 175쪽
위, 176-181쪽, 208쪽, 213-215쪽.

Ingrid G. Aune Westrum
www.fjeldborg.no
www.epla.no/shops/fjelborg
www.13tretten.no
13쪽 가운데, 17쪽, 22쪽, 46쪽, 47쪽, 49쪽 왼쪽,
51쪽, 55쪽 위, 52쪽, 55쪽, 80쪽, 94쪽 , 125쪽,
130쪽, 149쪽, 162-163쪽

Lea Bawanger
affär
www.affaer.dk
facebook.com/affaer
38쪽, 73쪽 왼쪽, 74쪽, 110쪽, 140-141쪽, 193쪽.

Fiona Douglas
Bluebellgray
www.bluebelgray.co.uk
면지, 14쪽 아래, 21-22쪽, 30쪽, 32쪽, 38-39쪽,
58쪽, 78쪽, 84쪽, 85쪽, 94쪽, 110쪽

Tove Michelle Hjallum
www.lykkeoglykkeliten.blogspot.com
www.nettpynt.no
17쪽 위, 39쪽 왼, 40쪽, 64쪽, 73쪽, 75쪽, 78쪽
아래 가운데, 86쪽, 89쪽, 101쪽, 150쪽 , 151쪽,
173쪽, 183쪽, 185쪽, 198-199쪽.

Jasna Janekovic
www.flickr.com/photos/jasnajanekovic
www.dawanda.com/shop/jasna
3쪽, 13쪽 왼쪽, 13쪽 오른쪽, 17쪽 아래, 33쪽 가
운데, 53쪽, 57쪽, 96쪽 아래, 122쪽, 94쪽, 136쪽,
195쪽, 197쪽, 205-207쪽.

Niki Jones
www.niki-jones.co.uk
59쪽 가운데, 66-67쪽, 166-167쪽, 168쪽 왼쪽,
120쪽.

Selina Lake

Stylist and author
+44 (0)7971447785
www.selinalake.co.uk
www.selinalake.blogspot.com
7쪽, 10쪽, 12쪽, 20쪽, 44쪽, 56쪽, 70쪽, 82쪽,
138쪽, 160쪽.

Rie Elise Larsen APS
www.rieeliselarsen.dk

Susan Liebe
www.liebeshop.dk
14쪽 위, 15쪽, 19쪽 아래 오른쪽, 39쪽 오, 78쪽
아래 왼쪽, 86쪽 아래 오른쪽, 95쪽, 110쪽, 119쪽
130쪽, 131쪽, 134쪽, 168쪽 가운데.

Myriam de Loor
Petit Pan
7 rue de Prague
75012 Paris
www.petitpan.com
2쪽, 5쪽, 23쪽 왼쪽, 39쪽 오른쪽, 58쪽, 80-81쪽,
121쪽, 126쪽, 128쪽, 197쪽, 196쪽

Jeanette Lunde
www.frydogdesign.blogspot.com
1쪽, 18쪽 오른쪽, 48쪽, 49쪽, 72쪽, 83쪽, 104-
105쪽, 143-145쪽, 110-111쪽, 184쪽 , 188쪽,
187쪽, 202쪽.

Fifi Mandirac
www.fifimandirac.com
18쪽 왼쪽, 23쪽 가운데, 26쪽 위 왼쪽, 70쪽, 73
쪽 가운데, 87쪽, 100쪽, 163쪽, 189쪽, 192쪽, 219
쪽.

Lea Nortved Pedersen
Lea Nortved Pedersen
Butik Nø
Larbjornstraede 22 TV,
1454 Copenhagen
Denmark
T: +45 261 67849
www.butiknø.dk

Inger Lill Skagen
www.kasparasregnbue.blogspot.com

8-9쪽, 16쪽 위, 19쪽 아래 왼쪽, 23쪽 오른쪽, 26
쪽 위 오른쪽, 26쪽 아래, 27쪽, 44-45쪽, 59쪽,
69쪽, 82-83쪽, 102쪽, 97쪽, 114-116쪽, 148쪽,
157쪽,218쪽, 220쪽

Tsé & Tsé associées
20, rue Moreau
75012 Paris
France
www.tse-tse.com
2쪽, 5쪽, 23쪽 왼쪽, 39쪽, 59쪽, 80-81쪽, 121쪽,
126쪽, 197쪽, 196쪽.

Stine Weirsøe
www.lutterlagkage.dk
4쪽, 6쪽, 33쪽 오른쪽, 57쪽 아래 오른쪽, 89쪽 위
오른쪽, 100-101쪽, 154쪽, 175쪽, 184쪽, 202쪽.

Jette Arendal Winther
Arendal Kermik
Tverved 10
3390 Hundested
www.arendal-ceramics.com
www.danishcreramics.com
33쪽, 77쪽, 85쪽, 92-95쪽, 112-113쪽, 123쪽,
130쪽, 168쪽, 204-212쪽, 216-217쪽.

옮긴이 김세진

홍익대학교 독어독문학과를 졸업하고 서울대학교 한국어지도자과정, 고려대학교 교육대학원을 수학했다. 인터넷 서점 알라딘 편집팀에서 일했으며 현재 전업 번역가로 활동하고 있다. 『집과 작업실』『바나나』『기부자 로열티』『하버드 협상의 기술』 등을 우리말로 옮겼다.

기분이 좋아지는 나만의 패브릭 공간 연출법
홈스펀 스타일

초판 1쇄 인쇄 2012년 5월 17일
초판 1쇄 발행 2012년 5월 25일

지은이 셀리나 레이크 · 조애너 시먼스 · 데비 트렐로어
옮긴이 김세진
펴낸이 김선식

Chief editing creator 김현정
Editing creator 최선혜
Design creator 손은숙

2nd Creative Story Dept. 김현정, 박여영, 최선혜, 유희성, 백상웅
Creative Marketing Dept. 이주화, 원종필, 백미숙, 이예림
       Public Relation Team 서선행
       Online Team 김선준, 전아름, 박혜원
       Contents Rights Team 이정순, 김미영
Creative Design Dept. 최부돈, 김태수, 조혜상, 박효영, 이명애, 손은숙
Creative Management Dept. 김성자, 송현주, 권송이, 윤이경, 김민아, 한선미

펴낸곳 다산북스
주소 서울시 마포구 서교동 395-27
전화 02-702-1724(기획편집) 02-6217-1726(마케팅) 02-704-1724(경영지원)
팩스 02-703-2219
이메일 dasanbooks@hanmail.net
홈페이지 www.dasanbooks.com
출판등록 2005년 12월 23일 제313-2005-00277호

종이 월드페이퍼(주)
인쇄 · 제본 영신사

ISBN 978-89-6370-895-9 (13980)